Research and Application of Green Roof Rainwater Management and Low-Carbon Buildings

绿色屋顶雨水调控与低碳建筑研究及应用

王　俊　梅国雄　文志杰　著

U0283301

中国建筑工业出版社

图书在版编目（CIP）数据

绿色屋顶雨水调控与低碳建筑研究及应用＝
Research and Application of Green Roof Rainwater
Management and Low-Carbon Buildings/王俊，梅国雄，
文志杰著．—北京：中国建筑工业出版社，2024.8.
ISBN 978-7-112-30277-2

Ⅰ．TU231

中国国家版本馆 CIP 数据核字第 2024EL6191 号

本书围绕海绵城市建设和"双碳"目标，深入开展绿色屋顶雨水调控和低碳建筑技术相关研究，旨在通过理论与实践相结合，为改善城市生态环境、推动城乡绿色低碳发展提供理论和技术支撑。绿色屋顶技术作为海绵城市建设的重要措施，具有削减降雨径流、降低建筑能耗、延长建筑寿命、缓解城市热岛效应、增加城市绿化等多重优势，在城市绿色低碳发展中具有较大开发潜力。然而，现有绿色屋顶在雨水收集利用、降低屋面荷载和建设成本等方面仍存在不足，绿色屋顶水热性能尚缺乏有效的理论模拟模型，且绿色屋顶对区域性径流削减性能的影响以及节能降碳效益尚不清楚。本书通过模型试验和数值模拟研究，提出绿色屋顶结构配置优化关键技术；建立绿色屋顶长期水量平衡模型，提出绿色屋顶结构配置设计及灌溉管理关键技术；构建绿色屋顶水热运移耦合模型，提出一体化绿色屋顶建设关键技术；依托西南地区某项目开展绿色屋顶工程应用，指出绿色屋顶对区域径流削减性能的影响和节能降碳效益。本书对推动海绵城市建设下城市绿色屋顶雨水调控和绿色低碳建筑系统构建具有重要理论和现实意义，本书提出的理论模型和关键技术为绿色屋顶的创新发展提供了新思路和重要参考。

责任编辑：焦　扬　徐　冉
责任校对：赵　力

绿色屋顶雨水调控与低碳建筑研究及应用
Research and Application of Green Roof Rainwater
Management and Low-Carbon Buildings
王　俊　梅国雄　文志杰　著

＊

中国建筑工业出版社出版、发行（北京海淀三里河路 9 号）
各地新华书店、建筑书店经销
北京龙达新润科技有限公司制版
建工社（河北）印刷有限公司印刷

＊

开本：787 毫米×1092 毫米　1/16　印张：11¾　字数：179 千字
2024 年 8 月第一版　　2024 年 8 月第一次印刷
定价：**49.00** 元
ISBN 978-7-112-30277-2
（43684）

序

　　城镇化快速发展的同时，也面临着城市内涝、热岛效应等诸多生态环境问题。特别是城市不透水表面日益增多，导致城市自然渗透率下降和表面径流量增大，在极端降雨条件下极易引发城市内涝灾害，城市"看海"现象屡见不鲜。早在2013年，中央城镇化工作会议就提出"要建设自然积存、自然渗透、自然净化的海绵城市"，为我国海绵城市建设指明了方向。随后，国家相关部门先后印发了《海绵城市建设技术指南——低影响开发雨水系统构建（试行）》《关于推进海绵城市建设的指导意见》等。当前，我国提出系统化全域推进海绵城市建设，对城市建设和绿色低碳发展提出了更高要求。

　　绿色屋顶技术，作为海绵城市建设的重要措施之一，具有缓解城市内涝、增加城市绿化、改善城市热岛效应和节能降碳等多重优势。该技术充分利用城市建筑屋面占比大和分布式布局特点，秉持"破坏一块绿地，归还一块绿地"的建设思路，能够有效解决传统海绵城市措施缺乏可用建设空间、源头控制措施不足等问题。此外，在城市不透水表面中，建筑屋面占比近50%，绿色屋顶技术具有较大开发潜力和广阔应用前景。

　　本书以绿色屋顶水文性能和热性能为研究对象，从绿色屋顶结构配置优化、水热运移模型构建以及工程应用等多个维度出发，深入探讨了绿色屋顶水热性能优化关键技术。特别是本书中提出的蓄水层绿色屋顶、一体化绿色屋顶、绿色屋顶结构配置优化设计和灌溉管理等新理念、新技术和新方法，为推动绿色屋顶创新发展和工程应用提供了重要参考。相关技术成果已经在绍兴、贵阳和南宁等地得到实际应用，取得了显著效果。

　　本书对海绵城市建设、建筑业、城市绿化领域的技术人员、管理人员和科研工作者具有很好的参考意义。希望在社会各界的共同努力下，深入推进绿色屋顶建设，为海绵城市建设和城乡绿色低碳发展作出更大贡献，真正让城市居民"望得见山、看得见水、记得住乡愁"，努力建设美丽中国。

浙江大学求是特聘教授、教育部长江学者　梅国雄
2024 年 5 月于杭州

前　言

在海绵城市建设和"双碳"目标背景下，深入开展绿色屋顶水热性能相关研究，既是改善城市生态环境的有效举措，又是助推实现城乡绿色低碳发展的重要途径。作为海绵城市建设的重要措施之一，绿色屋顶具有削减降雨径流、降低建筑能耗、延长建筑寿命、缓解城市热岛效应、增加城市绿化等诸多优势。然而，现有绿色屋顶结构配置集中考虑土壤层持水性能和排水层疏排水作用，其雨水收集利用能力较弱，且不利于降低屋面荷载和建设成本；缺乏考虑降雨和蒸散发条件下长期水文过程动态模拟的水文模型，以及考虑土壤层和蓄水层水分动态变化的水热耦合模型。不同结构配置绿色屋顶对区域性径流削减性能的影响，以及绿色屋顶节能降碳效益尚不清楚。

本书由作者王俊执笔撰写，期间得到了长江学者梅国雄教授和青年长江学者文志杰教授的悉心指导和修改完善。本书内容主要包括第 1 章"绪论"、第 2 章"绿色屋顶水热运移模型试验研究"、第 3 章"绿色屋顶水分运移数值模拟研究"、第 4 章"绿色屋顶水量平衡模型及其应用"、第 5 章"绿色屋顶水热耦合模型及其应用"、第 6 章"绿色屋顶工程应用研究"和第 7 章"结论与展望"。主要研究成果如下。

（1）模型试验结果表明，蓄水层和分层土能够显著提高绿色屋顶径流削减性能并延缓植被遭受水分胁迫时间。在华南地区雨季，不同结构配置绿色屋顶的径流削减率为 34%～59%，分层土绿色屋顶比单一土层绿色屋顶径流削减率提高 1%～4%。25mm 蓄水层绿色屋顶比无蓄水层绿色屋顶年径流削减率提高 13%，干旱期推迟植被灌溉时间约 9 天。此外，绿色屋顶屋面荷载随土壤深度增加而线性递增，而雨水滞留的增长率随土壤深度增加而递减。25mm 蓄水层绿色屋顶（100mm 土壤层）的径流削减率相当于 180mm 土壤层绿色屋顶的径流削减率，并相应地减少约 $0.9kN/m^2$ 屋面荷载。

（2）分层土主要通过提高上层土壤最大含水量和减少降雨停止后土壤层水分渗漏来提升土壤持水能力，具有比单一土层更高的径流峰值削减和更长的排水峰值时间延迟。此外，绿色屋顶底部蓄水层和表面积水入渗能够有效提高径流削减率、削减排水峰值和推迟排水时间。在表面积水入渗条件下，25mm 蓄水层绿色屋顶在华南地区 20 年一遇暴雨重现期的径流削减率提高了 31%，产生排水时间推迟 50min，径流峰值削减 89%。

（3）绿色屋顶长期水量平衡简化模型以气象数据和绿色屋顶结构配置参数为输入，能够较好地模拟绿色屋顶长期雨水滞留和土壤含水量动态变化，土壤含水量的平均纳什系数为 0.65，雨水滞留量的平均误差为 6%。在华南地区，150mm 蓄水层绿色屋顶（100mm 土壤层）年径流削减率可达 78%，植被年水分胁迫时间降低了 49%。随着蓄水层深度从 25mm 增加到 100mm，绿色屋顶的年灌溉次数减少 4 次，累计灌溉量减少 50mm。

（4）绿色屋顶主要通过提高表面反射率和增加蒸散发潜热减少绿色屋顶热通量，其土壤表面温度和混凝土上表面温差范围远低于普通屋顶。此外，一体化绿色屋顶保温隔热性能优于普通屋顶。在华南地区，普通屋顶混凝土上表面最高温度可达 58℃，日温差可达 32℃，而绿色屋顶混凝土上表面最大日温差仅为 11℃。相比于普通屋顶，一体化绿色屋顶平均室内温度在夏季和冬季分别降低和提高了约 1℃。

（5）考虑绿色屋顶土壤层和蓄水层水分动态变化影响的水热耦合模型能够较好地模拟绿色屋顶不同结构层的温度变化，纳什系数为 0.72～0.97。指出蓄水层绿色屋顶主要通过增加表面蒸散发潜热降低绿色屋顶表面温度，从而有效提高蓄水层绿色屋顶阻热性能。模拟结果表明，土壤深度增加 100mm 能够降低夏季绿色屋顶室内平均温度约 1℃，25mm 蓄水层绿色屋顶夏季土壤表面平均温度降低 2℃，室内平均温度降低 1℃。增加 25mm 蓄水层（100mm 土壤层）相当于 200mm 土壤层传统绿色屋顶夏季的阻热性能。

（6）绿色屋顶能够有效削减区域径流量，并降低建筑能耗和建筑

CO_2 排放量。在西南地区某研究区域，传统绿色屋顶和 50mm 蓄水层绿色屋顶的年径流削减率分别为 42% 和 54%。与普通屋顶相比，对研究区域建筑屋顶覆土安装 50mm 蓄水层绿色屋顶可有效提高区域年径流削减率 5%。相比于普通屋顶，夏季绿色屋顶室内平均温度降低 4℃，年能耗减少 10.1kW·h/m^2，研究区域的 CO_2 排放量减少 60.51t/年，绿色屋顶年能源消耗和 CO_2 排放减少 12%。

目　录

第1章 绪论

1.1 概述

随着城镇化的快速发展，越来越多的自然渗透表面被城市建筑物、道路、广场等不透水表面所替代，破坏了原有地表的水、热平衡，从而引发城市内涝、热岛效应、空气污染等一系列生态环境问题[1-3]。相比于未开发的自然区域，城市地表自然渗透率下降了约 70％[4]，以至于在极端暴雨条件下极易引发城市内涝，增加城市排水管网压力和污水溢流风险。通过分析我国 351 座城市的防洪排涝能力发现，其中有 62％的城市发生过城市内涝，每年至少有 130 座城市发生洪涝灾害[5]。此外，我国建筑能耗报告显示，建筑运行阶段能耗占建筑全生命周期能耗的 47％，占全国能源消费总量的 22％；而建筑运行阶段碳排放占建筑全生命周期碳排放的 43％，占全国能源碳排放的 22％[6]。同时城市低影响开发和绿色低碳可持续发展得到世界各国高度重视和广泛研究。例如，美国提出低影响开发（LID），英国提出可持续城市排水系统（SUDS），澳大利亚提出水敏性城市（WSUD），德国提出洼地—渗渠系统（MR）等[7-8]。

2013 年 12 月，中央城镇化工作会议提出"要建设自然积存、自然渗透、自然净化的海绵城市"[9-10]。随后，住房和城乡建设部与国务院办公厅先后印发了《海绵城市建设技术指南——低影响开发雨水系统构建（运行）》和《关于推进海绵城市建设的指导意见》。国家"十四五"规划再次提出，要增强城市防洪排涝能力，建设海绵城市、韧性城市。2022 年 6 月，住房和城乡建设部发布的《城乡建设领域碳达峰实施方案》强调要系统化全域推进海绵城市建设，到 2030 年全国城市建成区平均可渗透面积占比达到 45％。党的二十大报告提出要推进美丽中国建设，协同推进降碳、减污、扩绿、增长，推进生态优先、节约集约、绿色低碳发展。因此，开展海绵城市建设和建筑节能降碳相关研究工作，既是推进城乡建设绿色低碳发展的重要途径，又是推进美丽中国建设的迫切需要。

绿色屋顶作为海绵城市建设的重要措施之一，能够有效削减雨水径流、节能降碳、缓解城市热岛效应、延长建筑屋面寿命、增加城市绿化，被认为是推动城市可持续发展的有效措施[11]。研究表明，北京五环内可用于改造绿色屋顶的面积占研究区域总面积的 21.52%，占总不透水表面的 33.06%[12]。在城市不透水表面中，城市建筑屋面占比近 50%[13]。此外，绿色屋顶能够充分利用城市建筑屋面分布式布局特点，通过已有建筑屋面覆土绿化改善城市不透水表面渗透性而不增加额外建设用地，具有较大开发潜力。

当前，我国海绵城市建设主要以下沉式绿地、雨水花园、植草沟等城市绿化配套建设和路面透水铺装建设为主，关于绿色屋顶水热运移关键技术研究与应用并不广泛，在城市建成区实现海绵城市建设 70% 的径流控制率目标还有一定差距。已有研究主要通过增加土壤层深度和土壤改良方式提高绿色屋顶水文性能，但这可能导致屋面荷载和建设成本增加，且雨水收集利用能力较弱。在新型结构配置下绿色屋顶水热运移机理尚不清楚，缺乏考虑降雨和蒸散发条件下长期水文过程模拟的简化模型，以及考虑绿色屋顶土壤层和蓄水层水分变化影响的水热耦合模型。此外，现有绿色屋顶建设往往与建筑屋面相互割裂，未充分考虑绿色屋顶保温隔热性能和保护作用；不同结构配置绿色屋顶对区域性径流削减性能的影响，以及绿色屋顶节能降碳效益尚不清楚。因此，开展绿色屋顶水热运移模型试验、数值模拟和工程应用研究，揭示绿色屋顶水热运移机理，优化提升绿色屋顶径流削减性能和热性能，构建绿色屋顶水热运移模型，对绿色屋顶在海绵城市建设和城乡建设绿色低碳发展中的推广应用具有重要意义。

1.2　绿色屋顶结构配置及水热性能研究进展

1.2.1　绿色屋顶结构配置研究进展

绿色屋顶也被称为绿化屋顶、种植屋面、屋顶花园或海绵屋顶等。截至 2022 年，通过 Web of Science 数据库检索到关于绿色屋顶（green roof）的学术论文已有超过 5000 篇，其中来自中国的研究论文超过 1400 篇。如图 1-1 所示，在过去 30 多年里，关于绿色屋顶的研究论文快速增加，特别是近 10 年发表的研究论文平均增长率超过 15%，2021 年相关学术论文超过 600 篇。从研究领域分析，关于绿色屋顶的研究主题主要包括环境科学、生态学、建筑技术、农学、大气科学、能源、水文学、植物学和地球科学等。其中，有关能源消耗的论文 1116 篇，占 21%；有关水文学的论文 958 篇，占 18%；有关地球科学的论文 609 篇，占 11%。

早期的绿色屋顶主要用于建筑屋顶保温隔热，以减少建筑屋顶热传导通量并降低建筑能耗[14-15]。根据德国景观发展与建设研究协会（FLL）制定的绿色屋顶准则，绿色屋顶一般可分为粗放型（简单式）和密集型（花园式）。通常，密集型绿色屋顶土壤层深度大于 15cm，可种植草本植物或灌木，其雨水滞留能力和隔热性能较好，但也存在荷载大、维护管理难等缺点。相比之下，粗放型绿色屋顶土壤层深度在 5~15cm，以种植草本植物为主，荷载小，易于后期维护管理，应用更为广泛。如图 1-2 所示，绿色屋顶结构配置通常包括以下几部分：①防水阻根层；②排水层；③过滤层；④土壤层；⑤植被层。

在绿色屋顶结构配置中，土壤层是影响绿色屋顶径流削减性能和隔热性能的主要结构层。目前，常用的绿色屋顶土壤及土壤改良材料主要有耕植土、泥炭土、腐殖土、塘泥以及浮石、珍珠岩、蛭石、椰糠、生物炭、煤渣、砂石和陶粒等（表 1-1）[16-19]。研究表明，在商业种植土中添加 10% 的有机质（如堆肥）对不同灌溉条件下的植被生长表现最佳[20]。混合不同比例土壤和改良材料得到三种不同土壤层类型（HLS，黏土、堆肥、碎砖和浮石；SCS，黏土和碎砖；LECA，黏土、堆肥和陶粒）的持水量分别

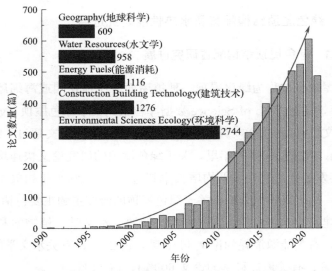

图 1-1　通过 Web of Science 检索历年绿色屋顶论文及主要涉及领域

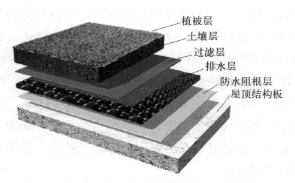

图 1-2　绿色屋顶结构配置示意图

为 $0.41\text{mm}^3/\text{mm}^3$、$0.39\text{mm}^3/\text{mm}^3$ 和 $0.35\text{mm}^3/\text{mm}^3$ [18]。在常用绿色屋顶土壤材料中，泥炭土和商业种植土的保水性最高，其次是珍珠岩、浮石和沙壤土，保水性最差的是煤渣；此外，泥炭土、商业种植土、珍珠岩和蛭石的干容重最低，细砂的干容重最高，其次是沙壤土、煤渣和浮石[16]。

绿色屋顶主要结构配置特征及常用材料或类型　　　　表1-1

结构配置	结构层特征	常见深度	常用材料（类型）
土壤层	轻量化、保水性、保肥性、渗透性、吸附性	粗放型：50～150mm 密集型：150～500mm	耕植土、泥炭土、腐殖土、塘泥以及浮石、珍珠岩、蛭石、椰糠、生物炭、碎砖、煤渣、砂石和陶粒等
植被层	植被层中植被应耐旱、耐涝、抗病虫害、繁殖快、根系浅、低成本、少维护	—	佛甲草、结缕草、草茴花、麦冬、银边草、花叶络石、多须草、山菅兰、药百合、马齿苋、铺地锦竹草、高羊茅、早熟禾等
蓄排水层	疏排水性或蓄水能力	25mm 50mm	排水骨料：陶粒、砾石、卵石、橡胶屑塑料排水板：带凹槽排水板、模块化种植托盘

　　绿色屋顶植被层类型和覆盖率是影响绿色屋顶水热性能的重要因素。由于绿色屋顶土壤层较浅，并受强风、辐射、温差波动、降雨和水分供给等因素影响，植被层在炎热和干旱期常遭受水分胁迫，这对绿色屋顶植被选择提出了更高要求[21]。通常，绿色屋顶植被选择应具备如下特征：耐旱、耐涝、抗病虫害、繁殖快、根系浅、低成本、少维护等。由于景天属植被较强的耐旱性，国内外已有研究通常将景天属植被（如佛甲草）作为绿色屋顶植被层的首选植被。研究表明，在澳大利亚南部炎热干燥的夏季，景天属植被在无灌溉条件下存活最好[22]。景天属植被在无灌溉条件下经历4个月的干旱期仍然可以存活[23]。也有研究表明，景天属植被在温室内无灌溉条件下存活了2年[24]。在美国中西部气候下12种景天属植被生长情况表明，景天属植被在7～10cm的绿色屋顶土壤层中表现出很好的生长和覆盖率[25]。景天属植被在试验过程中的生长变化最小，生物量最高而需水量最低[26]。此外，马齿苋具有与景天属植被类似的耐旱特征，种植马齿苋的绿色屋顶能够较好地削减径流和过滤污染物[27]。马齿苋和铺地锦竹草在热带地区粗放型绿色屋顶中具有较强的耐旱性[28]。然而，也有研究表明，景天属植被表现出较低的冠层截流和蒸散发量，这可能导致绿色屋顶较低的径流削减[26]。相比之下，考虑植被层通过蒸散发消耗绿色屋顶土壤层的有效水分，已有研究建议选择具有高蒸散发的植被（如高羊茅、早熟禾等）来提高绿色屋顶径流削减性能[29]。植被对绿色屋顶径流削减性能的

影响主要是由于蒸散发而不是冠层截流引起的[29]。除蒸散发和冠层截流外，植被层对绿色屋顶径流削减性能的影响还包括根系挤占土壤层大孔隙或引入优先渗流路径等。由于植被（如药百合）根系产生的优先渗流路径导致了土壤层较低的持水量，从而降低了绿色屋顶干旱期的蒸散发量和降雨条件下的径流削减能力[30]。综上所述，植被层主要通过冠层截流、植被蒸腾、根系引入优先流路径等影响绿色屋顶径流削减性能。较高蒸腾速率的植被能够提高绿色屋顶雨水滞留量，也容易在干旱期遭受水分胁迫。此外，植被根系引入优先渗流路径可能会降低绿色屋顶雨水滞留能力。

绿色屋顶排水层主要对绿色屋顶土壤层底部渗流水分进行疏排，以确保植被层具有良好的生长基质。在已有研究中，绿色屋顶底部排水层主要有两种类型：一种是塑料排水板（聚乙烯或聚苯乙烯），另一种是排水骨料（如陶粒、卵石、砾石、橡胶屑等）。例如，采用 4cm 厚橡胶碎屑和砾石作为绿色屋顶排水层，可以得到优于塑料排水板绿色屋顶的热性能[31]。为提高绿色屋顶的径流削减能力，带凹槽的塑料排水板通常具有一定的蓄水功能，既能发挥疏排水作用又能蓄水供植物生长，这有益于缓解峰值径流和减少植被灌溉维护。一般地，降雨入渗到绿色屋顶土壤层，并在土壤层饱和后产生底部渗流，底部渗流通过带蓄水功能的排水板截流，随后产生底部排水。采用塑料排水板作为绿色屋顶排水层，其蓄水能力约为 6mm[32]。采用带凹槽的塑料排水板（蓄水能力约为 5mm）的绿色屋顶雨水滞留率比没有蓄水功能的绿色屋顶提高了约 1%[33]。然而，无论是排水骨料还是带凹槽的塑料排水板仍以绿色屋顶的疏排水作用为主，其蓄水能力较弱，绿色屋顶对雨水的径流削减仍然以土壤层的持水能力为主。此外，深度为 50mm 的蓄水层填充孔隙度为 0.43 的砾石形成带蓄水功能的绿色屋顶也被用于替换传统塑料排水板[34]。研究表明，绿色屋顶底部蓄水层可以在干旱期通过蒸发为土壤层提供水分，从而延长植被水分胁迫时间和灌溉周期[35]。然而，带底部蓄水层的绿色屋顶水热运移机理尚不清楚，降雨和蒸散发条件下带蓄水层的绿色屋顶水文性能和热性能需要进一步研究。

应该指出的是，现有绿色屋顶与建筑屋面建设相互割裂，往往在完成建筑屋面建设后再进行绿色屋顶结构层建设。如图 1-3 所示，传统绿色屋顶与建筑屋面设计结构未充分考虑绿色屋顶保温隔热作用，仍保留挤塑聚苯板等保温隔热层，这不利于降低建设成本。此外，绿色屋顶具有削减屋面温差波动的作用，对建筑屋面结构层已具有一定保护作用，但普通建筑屋面仍保留混凝土保护层，从而与绿色屋顶在保护层功能上存在重合，这不利于减小屋面荷载。绿色屋顶全生命周期成本分析结果表明，尽管绿色屋顶寿命是普通屋顶的 2 倍，但由于绿色屋顶较高的建设成本，其 50 年生命周期净成本节约可能为负[36]。因此，进一步探讨绿色屋顶热性能，对绿色屋顶与普通建筑屋面结构进行一体化设计和建设，有助于充分发挥绿色屋顶保温隔热性能、降低绿色屋顶建设成本和屋面荷载。

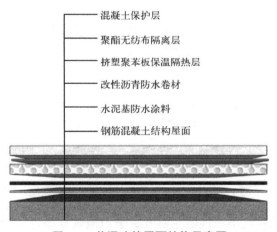

混凝土保护层
聚酯无纺布隔离层
挤塑聚苯板保温隔热层
改性沥青防水卷材
水泥基防水涂料
钢筋混凝土结构屋面

图 1-3　普通建筑屋面结构示意图

1.2.2　绿色屋顶水文性能研究进展

在城市雨水管理中，绿色屋顶能够有效滞留雨水、削减和推迟径流峰值、推迟径流排水时间等，被认为是海绵城市建设的有效措施（图 1-4）[37]。其中，改善绿色屋顶的雨水滞留能力，减缓城市不透水表面对城市雨水管理带来的不利影响显得尤为重要。已有研究结果表明，绿色屋顶年径流削减率通常在 20%～90%，单次降雨事件的径流削减率在 0～100%（表 1-2）[38-39]。

模拟降雨试验表明，100mm 土壤层深度的绿色屋顶径流削减率为 42.1%[40]。在英国谢菲尔德开展的绿色屋顶径流现场试验结果表明，粗放型绿色屋顶的年径流削减率为 50.2%[38]。在美国波特兰的现场试验结果表明，75mm 和 125mm 土壤深度的绿色屋顶年径流削减率分别为 23.2% 和 32.9%[41]。我国兰州位于干旱大陆性气候区，年均径流削减率为 73.8%，年均径流削减率高于北京（48.9%）、重庆（45.2%）和深圳（30.0%）等地处湿润气候区城市[42]。此外，绿色屋顶可以减少 30%～86% 的雨水径流，削减径流峰值 22%～93%，并延迟峰值径流时间 0～30min[39]。在我国兰州绿色屋顶的径流削减率在 24%～69%，径流峰值削减率在 44%～88%，最高推迟径流时间 37～52min[43]。

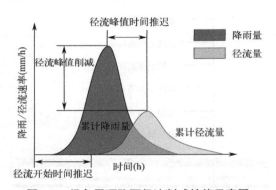

图 1-4 绿色屋顶降雨径流削减性能示意图

绿色屋顶的径流削减性能主要取决于当地气候条件（即降雨和干旱期蒸散发条件）和绿色屋顶结构配置（即土壤类型、土壤深度、排水层和植被类型）[44]。绿色屋顶土壤层作为雨水滞留的主要蓄水功能层，其雨水滞留能力取决于土壤层在降雨前的有效蓄水量。在降雨条件下，土壤层达到饱和后开始产生底部排水，随后在干旱期通过蒸发作用释放有效蓄水空间。因此，绿色屋顶土壤层的有效蓄水量可以表示为土壤层最大蓄水量与降雨前土壤层实际蓄水量之差（图 1-5）。土壤层的最大有效蓄水量可表示为土壤层最大蓄水量与土壤最小蓄水量之差。在实际应用中，需要考虑植被生长所需的水分，土壤层允许的最小含水量通常大于植被遭受水分胁迫所对应的含水量。降雨强度和土壤湿度对不同渗透性土壤类型的累计入渗量具有较大影响[45]。研究表明，在降雨量小于 7.4mm 的降雨事件下，绿色屋顶径流削减率为 100%，径流削减率随着降雨量的增加而逐渐降低[46]。在土壤干燥条件下，6～12mm 的降雨事件下，绿色屋顶径流削减率可达 100%；而在潮湿条件下，绿色屋顶径流削减率几乎为 0[47]。这主要与降雨前绿色屋顶通过蒸散发提供的有效蓄水空间有关。同时，通过在绿色屋顶底部增加蓄水层可以提高蓄水层水分对上层土壤的有效水分补给[34]。植被类型对绿色屋顶蒸散发和土壤含水量变化具有显著影响[17]。此外，土壤类型和土壤厚度是影响绿色屋顶径流削减率的主要因素[40]。

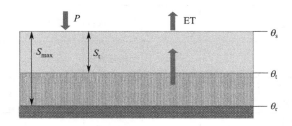

注：P 为降雨量，ET 为蒸散发量，S_{max} 为最大有效蓄水量，S_t 为有效蓄水量，

θ_s 为土壤饱和含水量，θ_t 为降雨前土壤实际含水量，θ_r 为土壤最小含水量（植被水分胁迫点）。

图 1-5　降雨和蒸散发条件下绿色屋顶雨水滞留过程

目前，提高绿色屋顶径流削减性能的有效方法主要是增加土壤层深度和土壤改良。由于降雨前绿色屋顶蒸散发条件的影响，通过增加土壤深度获得的有效蓄水量通常小于理论计算值[48]。当绿色屋顶土壤深度从 100mm 增加到 150mm 时，绿色屋顶的雨水滞留率提高了 5%[49]。土壤深度增加 50mm 能够提高绿色屋顶年径流削减率约 10%[41,50]。然而，增加土壤层深度与屋顶荷载直接相关，同时也会增加绿色屋顶的建设成本，通过增加土壤层深度提高绿色屋顶水热性能的方法并未得到广泛采用[51]。当土壤深度从 100mm 增加到 150mm 时，不同土壤类型的绿色屋顶均超出既有建筑屋面的荷载要求[52]。相比之下，综合考虑绿色屋顶土壤层轻量化、保水性、保肥性、渗透性、吸附性等特性的土壤材料选择及其混合配比得到广泛研究。绿色屋顶土壤层添加土壤改良剂或有机质能够提高土壤层保水性的同时减小其质量[53]。研究表明,通过在耕植土中添加10%的生物炭能够有效提高绿色屋顶土壤层的持水能力,同时也能显著降低土壤饱和导水率[54]。当降雨强度高于土壤渗透系数后,开始产生土壤表面径流,这可能导致强降雨下绿色屋顶较低的径流削减率。因此,土壤改良方法在增加土壤持水能力的同时通常会导致较低的土壤渗透性,从而不利于植被生长或导致暴雨条件下绿色屋顶较高的表面径流(表1-2)。

已有文献对绿色屋顶径流削减性能的研究结果　　　表1-2

区域位置	降雨事件(历时)	降雨量(mm)	土壤层(mm)	蓄排水层类型	植被类型	径流削减率(%)	参考文献
英国伦敦	单次模拟降雨	39	40	塑料排水板	景天	21	[47]
中国兰州	单次模拟降雨	20	100	塑料排水板	景天	42.1	[40]
澳大利亚墨尔本	65次模拟降雨	0.6~35	100	塑料排水板	景天	89~95	[32]
中国北京	92次降雨事件	0.2~131.6	100	排水骨料	佛甲草	0~100	[55]
英国谢菲尔德	22次降雨事件	8.8~99.6	80	塑料排水板	景天	0~100	[38]
	29个月	1892				50.2	
美国波特兰	1年	807.6	75 125	排水骨料	景天	23.2 32.9	[41]
新西兰奥克兰	1年	1093	70	塑料排水板	景天	66	[56]
中国兰州	1年	396.8	150	—	景天	73.8	[42]

1.2.3 绿色屋顶热性能研究进展

绿色屋顶作为海绵城市建设的重要措施之一,除了能够有效提高城市雨水径流削减率、削减雨水径流峰值、推迟径流时间等水文性外,还在屋顶保温隔热、节能降碳、延长建筑寿命和缓解城市热岛效应等热性能方面具有较大开发潜力。研究表明，绿色屋顶对太阳辐射的反射率可达0.27，并通过绿色屋顶结构层阻热作用减少建筑室内制冷和制热能耗[57]。相比于普通屋顶，绿色屋顶表面温度最大降幅高达 30℃[58]。一个位于新加坡的绿色屋顶现场试验表明，绿色屋顶结构层最大可以阻隔 60% 的热通量[59]。与普通屋顶相比，绿色屋顶可使建筑夏季的制冷能耗减少约 40%，而对建筑冬季的制热能耗没有显著影响[60]。此外，绿色屋顶日温差变化仅为普通屋顶的 46%，这意味着绿色屋顶对缓解昼夜温差变化引起的混凝土开裂破坏具有积极作用，可以保护建筑结构和延长建筑屋面寿命[61]。一项对纽约四个区域的城市热岛效应监测结果表明，植被最多和植被最少的区域平均温差相差 2℃[62]。

通过减少建筑屋面的热通量可以有效降低建筑夏季室内温度和制冷能耗。目前，常见的节能型屋顶技术主要包括降温涂料屋顶、保温隔热屋顶、通风屋顶、蓄水屋顶和绿色屋顶等[63]。降温涂料屋顶主要通过高反射率材料或涂料（反射率＞0.65）反射更多的太阳辐射来减少建筑屋面热通量[64]。保温隔热屋顶主要通过膨胀珍珠岩、聚苯乙烯泡沫板等保温隔热材料增加屋顶热阻来减少屋顶热通量。蓄水屋顶通过水分蒸发潜热消耗太阳辐射热能，从而减少屋顶热通量，达到屋顶降温目的。通风屋顶通过在屋顶安装约 200mm 高的架空层，利用架空层空气阻热和热对流带走热量降低屋顶温度。与其他节能型屋顶相比，绿色屋顶综合了降温涂料屋顶、蓄水屋顶和保温隔热屋顶的诸多特点，其保温隔热原理更为复杂。如图 1-6所示，太阳辐射（长波辐射和短波辐射）热能一部分通过绿色屋顶表面反射（反射率 0.15～0.3），另一部分通过蒸散发潜热消耗（植被蒸腾和土壤蒸发）和显热消耗，屋顶热通量最后在热传导过程中通过绿色屋顶结构层（植被层、土壤层和蓄（排）水层）的阻热作用减少。

绿色屋顶热性能评价指标通常包括三种类型：第一类主要是温度和热通量指标，第二类主要是热阻和传热系数指标，第三类主要是冷负荷、热负荷和能耗指标[65]。如表 1-3 所示为已有研究对不同热性能评价指标下绿色屋顶热性能的研究结果。在新加坡绿色屋顶的年平均热通量介于 2.29～

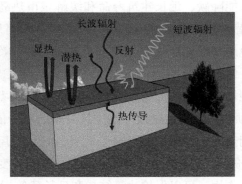

图 1-6　绿色屋顶热量平衡示意图

$2.49\mathrm{W/m^2}$，而普通屋顶的平均热通量是绿色屋顶的 2.98 倍[65]。植被层有助于降低绿色屋顶热通量，在法国一个景天属植被覆盖率为 30％的绿色屋顶热阻为 $0.47\mathrm{m^2 \cdot K/W}$[66]。相比于普通屋顶，绿色屋顶月能耗减少约 16％，每天节省能耗约 $0.1\mathrm{kW \cdot h/m^2}$[67]。绿色屋顶混凝土结构板表面温度比普通屋顶最高低 20.5℃，监测 28 天的累计耗电量比普通屋顶低 $1.3\mathrm{kW \cdot h/m^2}$（控制室内温度范围 24～26℃），比普通屋顶的建筑耗电量节省 10.3％[68]。通过 EnergyPlus 软件模拟意大利卡塔尼亚一栋 7 层建筑安装绿色屋顶与普通屋顶的年制冷和制热能耗表明，不同结构配置绿色屋顶在夏季的制冷能耗减少 31％～35％，而在冬季的制热能耗减少 2％～10％[52]。对塞浦路斯尼科西亚的单户建筑进行能耗模拟表明，普通屋顶和绿色屋顶的年能耗（制冷和制热）分别为 $90\mathrm{kW \cdot h/m^2}$ 和 $61\mathrm{kW \cdot h/m^2}$，位于塞浦路斯不同区域的绿色屋顶制冷和制热能耗可节省 30％～32％[69]。

已有文献对绿色屋顶热性能的研究结果　　　　　　　　表 1-3

区域位置	研究方法	热性能指标	普通屋顶	绿色屋顶	参考文献
新加坡	试验/模拟	热通量（W/m²）	7.09	2.29～2.49	[65]
法国拉罗谢尔	试验	表面温度（℃）	19～58	9～19	[58]
法国留尼汪岛	试验	热阻（m²·K/W）	—	0.47	[66]

区域位置	研究方法	热性能指标	普通屋顶	绿色屋顶	参考文献
新加坡	试验	得热量(kJ)	1681.3	1072	[59]
中国 上海	试验	1 个月能耗(kW·h/20m²)	370.2	310.7	[67]
墨西哥 库埃纳瓦卡	试验	28 天耗电量(kW·h/m²)	14	12.7	[68]
意大利 卡塔尼亚	模拟	年能耗(kW·h)	17439	13364~13810	[52]
塞浦路斯 尼科西亚	模拟	年能耗(kW·h/m²)	90	61	[69]

1.2.4　绿色屋顶水热运移模型研究进展

绿色屋顶水文模型主要包括经验模型、概念模型和机理模型三类[39]。其中，经验模型主要基于时间序列数据的统计分析，通过已有研究数据拟合的经验公式对绿色屋顶降雨和径流关系进行模拟（表 1-4）。绿色屋顶土壤层和排水层两阶段的经验模型对土壤层蓄水量取入渗量与排水量差值，而排水速率与蓄水量呈指数关系变化[70]。机理模型主要是基于 Richards 方程的非饱和土壤水动力学理论[71]。通常采用 van Genuchten-Mualem 方程来描述土壤水分特征曲线和非饱和导水率[72]。由于 Richards 方程的非线性，要获得其解析解往往比较困难，一般采用有限差分法或有限元法进行求解[73]。通过建立 SWMS-2D 模型，以模拟绿色屋顶在单次降雨事件下的降雨—径流过程[74]。Hydrus-1D 程序是模拟不同土壤层绿色屋顶水分运移过程的常用软件[75]。考虑蓄水层对土壤水分运移的影响，一个基于 Dalton 方程的蓄水层蒸发和 HYDRUS-1D 模型的土壤层水分运移耦合模型，可用于模拟绿色屋顶土壤含水量随时间的变化规律[34]。

在已有研究中，机理模型和经验模型所需计算参数难以获得或需要原位测量，给模型应用带来困难；且没有考虑土壤有效含水量对绿色屋顶蒸散发的影响，以及蓄水层对上层土壤补给的影响。此外，已有研究大多是模拟绿色屋顶在降雨阶段的水文过程，缺乏对绿色屋顶降雨和蒸散发条件下长期水文过程的模拟。而基于绿色屋顶土壤层的水量平衡概念模型能够较好地模拟绿色屋顶土壤含水量和径流量变化过程[76]。通常，绿色屋顶的潜在蒸散发速率采用 Hargreaves 方程或 Penman-Monteith 方程进行估算。此外，基于绿色屋顶土壤层水量平衡模型，以降雨、土壤含水量和最大含水量为输入，也用于估算绿色屋顶径流和蒸散发量[77]。采用 SWMM 软件中的绿色屋顶模块可以有效模拟区域条件下绿色屋顶降雨入渗和径流削减过程[78]。因此，有必要开发绿色屋顶蓄水层和土壤层的简单耦合模型，用于特定气候条件下绿色屋顶长期水文过程模拟，以及结构配置优化设计和灌溉管理。

绿色屋顶常见水文模型 表 1-4

主要方程	模型参数	模型(软件)	参考文献
$S_{t+1}=S_t+(I_{t+1}-Q_{t+1})\Delta t$ $Q_{t+1}=kS_t^n$	S 为土壤层蓄水量，Q 为排水速率，I 为入渗速率，k、n 为经验参数，t 为时间	经验模型	[70]
$\Delta S=P-Q-\mathrm{ET}$ $\mathrm{ET}_0=0.023R_a(\overline{T}+17.8)(T_{\max}-T_{\min})^{0.5}$	S 为土壤层蓄水量，P 为降雨量，Q 为排水量，ET 为蒸散发量，R_a 为太阳辐射，$\overline{T}$、$T_{\max}$、$T_{\max}$ 分别为平均、最高和最低气温	概念模型	[76]
$\dfrac{\partial\theta}{\partial t}=\dfrac{\partial}{\partial Z}\left[K(h)\left(\dfrac{\partial h}{\partial Z}-1\right)\right]$	θ 为体积含水量，$K(h)$ 为非饱和导水率，t 为时间，h 为压力水头	HYDRUS-1D 模型	[73]
$\dfrac{\partial\theta}{\partial t}=\dfrac{\partial}{\partial x_i}\left[K(h)\cdot\left(K_{ij}^{A}\dfrac{\partial h}{\partial x_j}\right)\right]$	θ 为体积含水量，$K(h)$ 为非饱和导水率，x_i、x_j 为空间坐标，K_{ij}^{A} 为 K_A 的分量	SWMS-2D 模型	[74]
$Q_s=\left(\dfrac{S_1}{nA}\right)WD^{5/3}$ $f=K_s\left[1+\dfrac{(\phi-\theta)\varphi}{F}\right]$	Q_s 为表面径流，S_1 为地表坡度，n 为地表粗糙度，A 为区域面积，W 为子流域宽度，D 为地表积水深度，f 为入渗率，ϕ 为土壤孔隙度，θ 为含水量，φ 为吸力水头，F 为累计入渗量	SWMM 软件	[78]

对于绿色屋顶的热传导过程，其主要通过土壤层阻热、植被层物理遮阳、植被蒸腾、土壤蒸发、表面反射太阳辐射降低绿色屋顶热通量[79]。绿色屋顶表面的能量平衡主要包括绿色屋顶表面反射的短波辐射、绿色屋顶的长波辐射、热对流显热交换、蒸散发潜热和通过土壤层传导的热通量（图 1-6）[58,80]。在处理土壤表面和植被层能量平衡过程中，通常采用"大

叶（big leaf）"模式、单层模式或多层模式进行研究。"大叶"模式忽略植被层与土壤层水热特性差异；而单层模式区分地表植被层和土壤层，并将植被层视为具有相同温度和湿度的单层；多层模式则是将植被层视为垂直方向不同温湿度的若干层进行研究[81]。有研究将绿色屋顶简化为植被层、土壤层和混凝土结构层三个主要结构配置层，开发了一个模拟绿色屋顶热传导过程模型，并考虑了植被层的遮阳和蒸腾作用，以及植被冠层与土壤层之间的多重辐射作用，得到模拟结果与试验结果的纳什系数NSE 为 0.78~0.97[65]。还有研究考虑土壤含水量对绿色屋顶热传导过程的影响，开发了一个基于 Richards 方程和热传导方程的耦合模型[58]；或考虑植被根系吸水速率建立了基于 Richards 方程的土壤层水分运移和热传导模拟模型[82]；或在绿色屋顶表面能量平衡和土壤层水热耦合机理模型基础上，考虑了绿色屋顶排水层作为空气阻热层的一维热传导模型[83]；或建立绿色屋顶水热运移模型与建筑热性能模拟软件（THERB）相耦合的数值模型以模拟两种屋顶类型对建筑能耗的影响[84]。此外，绿色屋顶与普通屋顶的建筑能耗通常采用 EnergyPlus 软件进行模拟[52]。在已有研究中，土壤层、排水层、混凝土结构层和室内空气层一般采用一维热传导方程进行计算，由于该方程的非线性，通常采用有限差分法进行求解[85]（表 1-5）。

常见的绿色屋顶热传导模型　　　　　　　　　　表 1-5

结构配置	主要方程	模型参数	参考文献
植被层	$R_n = Q_E + Q_H + Q_G$ $R_n = J_t - J_r + L_A - L_G$ $Q_G = k_g \dfrac{dT_g}{dz}$	R_n 为净辐射，Q_E、Q_H、Q_G 分别为潜热通量、显热通量和土壤热传导通量，J_t、J_r 分别为表面短波辐射、反射短波辐射，L_A、L_G 分别为接收长波辐射和发射长波辐射，k_g、T_g 分别为土壤热导率和土壤表面温度，z 为纵坐标	[80] [84]
土壤层	$(\rho C_p)\dfrac{\partial T_s}{\partial t} = k_s \dfrac{\partial^2 T_s}{\partial z^2}$ $\dfrac{\partial \theta}{\partial t} = \dfrac{\partial}{\partial Z}\left[K(h)\left(\dfrac{\partial h}{\partial Z}+1\right)\right]$	T_s 为土壤温度，ρC_p 为体积热容，k_s 为土壤热导率，θ 为体积含水量，$K(h)$ 为非饱和导水率，t 为时间，Z 为纵坐标，h 为压力水头	[58] [86]
混凝土结构层	$(\rho C_p)\dfrac{\partial T_r}{\partial t} = k_r \dfrac{\partial^2 T_r}{\partial z^2}$	T_r 为混凝土温度，ρC_p 为材料体积热容，k_r 为材料热导率，t 为时间，z 为纵坐标	[87]

1.3 研究目的与意义

当前，我国高度重视城乡绿色低碳发展，开展海绵城市和建筑节能降碳相关研究，既是改善城市生态环境的有效举措，又是助推实现碳达峰、碳中和目标的重要途径。绿色屋顶技术作为海绵城市建设的重要措施之一，具有削减降雨径流、降低建筑能耗、延长建筑寿命、缓解城市热岛效应、增加城市绿化等诸多优势。然而，绿色屋顶技术在我国海绵城市建设中的推广应用并不广泛，尤其是作为水文、环境、建筑、岩土等交叉学科研究，绿色屋顶的水热运移机理、结构配置优化、水热性能提升及理论模型构建等技术难点成为阻碍其发展的重要因素。

在绿色屋顶结构配置研究上，已有研究主要通过增加土壤层深度和土壤改良方式提高绿色屋顶水文性能，但这导致了屋面荷载和建设成本增加，且土壤改良方式在提高土壤层持水能力的同时也会导致渗透性降低而产生更多表面径流；排水层集中考虑绿色屋顶疏排水作用，雨水收集利用能力较弱。在绿色屋顶水文性能模型中，已有研究采用的机理模型和经验模型所需参数难以获得或需要原位测量，给模型应用带来困难，且没有考虑蓄水层对上层土壤水分补给的影响；此外，绿色屋顶长期径流削减性能与单次降雨事件的径流削减性能存在较大差异，而现有水文模型主要考虑绿色屋顶在降雨阶段的水文过程模拟，缺乏考虑降雨和蒸散发条件下长期水文过程模拟的简化模型。现有绿色屋顶建设往往与建筑屋面相互割裂，普通建筑屋面隔热层、混凝土保护层与绿色屋顶在功能上存在重合，未充分考虑绿色屋顶保温隔热性能和保护作用；在绿色屋顶热传导模型中，未考虑土壤层和蓄水层水分变化对热传导过程的影响。不同结构配置绿色屋顶对区域性径流削减性能的影响，以及绿色屋顶节能降碳效益尚不清楚。因此，开展绿色屋顶水热运移研究，揭示绿色屋顶水热运移机理，探索绿色屋顶水热性能优化设计方法，提出绿色屋顶与建筑屋面一体化设计结构，建立绿色屋顶水热运移模型，有效解决绿色屋顶技术难题，可为绿色屋顶技术应用提供基础理论和数据支撑。

1.4　主要研究内容及框架

1.4.1　主要研究内容

1）绿色屋顶水热运移机理研究

绿色屋顶径流削减性能主要受降雨、干旱期蒸散发和绿色屋顶结构配置（植被层、土壤层、蓄排水层）影响，并通过表面反射太阳辐射、蒸散潜热消耗、显热消耗以及结构配置层阻热过程减少绿色屋顶热通量。然而，在长期干湿循环下，绿色屋顶结构配置对水热运移的影响尚不清楚，特别是蓄水层对绿色屋顶的水热运移机理有待进一步研究。通过建立不同植被层、土壤层和蓄排水层的绿色屋顶模型试验，分析不同结构配置对绿色屋顶降雨径流削减性能的影响，探讨降雨条件下绿色屋顶不同结构层水分运移过程和干旱期的蒸散发过程，进一步揭示绿色屋顶水分运移机理和关键影响因素。此外，通过建立不同蓄排水层绿色屋顶和普通屋顶的水热运移模型试验，并进行长达 1 年的水热运移性能监测，以探讨绿色屋顶长期水文过程和热传导过程，进一步揭示绿色屋顶水热运移机理。

2）绿色屋顶结构配置优化设计方法研究

增加土壤层深度和土壤改良方法通常被用于提高绿色屋顶的径流削减性能，但该方法往往以增加屋面荷载或建设成本为代价而未得到广泛应用。本书针对绿色屋顶土壤层改良方法提出了一种分层土提高土壤层持水性能的方法；针对增加绿色屋顶土壤层深度的方法提出了一种"浅土层＋蓄水层"提高绿色屋顶径流削减性能的方法，并通过模型试验进行对比分析。基于 HYDRUS-1D 软件对分层土、底部蓄水层和土壤表面蓄水等结构配置下的水分运移过程进行数值模拟分析。最后，针对绿色屋顶与普通屋顶建设相互割裂，绿色屋顶对普通屋顶保温隔热层和混凝土保护层的替代潜力等问题，提出一体化绿色屋顶设计结构（即替代传统屋顶保温隔热层和混凝土保护层），并通过模型试验和数值模拟对比分析一体化绿色屋顶与普通屋顶的热性能。

3）基于水量平衡模型的绿色屋顶水文性能研究

绿色屋顶水文模型集中考虑土壤层在降雨阶段的水分运移过程模拟，而缺乏对绿色屋顶降雨和干旱期蒸散发过程的长期动态模拟；且已有模型所需计算参数较多或需要原位监测获得，给模型应用带来困难。本书基于绿色屋顶土壤层和蓄水层两阶段的水量平衡模型，通过 Penman-Monteith 方程估算绿色屋顶干旱期蒸散发量，以气象数据（即降雨、温度、风速、太阳辐射、蒸气压等）和绿色屋顶结构配置参数为输入，提出降雨和干旱期蒸散发条件下绿色屋顶长期水文性能动态模拟简化模型。通过 Visual Basic 建立绿色屋顶结构配置设计和灌溉管理计算程序，采用水热运移模型试验数据对水量平衡简化模型进行校准和验证，并用于不同气候条件下绿色屋顶水文性能和华南地区绿色屋顶结构配置优化及灌溉管理研究。

4）基于水热耦合模型的绿色屋顶热性能研究

考虑绿色屋顶蓄水层和土壤层水分变化对绿色屋顶热传导过程的影响，本书基于绿色屋顶水量平衡简化模型对绿色屋顶土壤层和蓄水层在干湿循环下水分变化的动态模拟，以气象数据（即降雨、温度、风速、太阳辐射、蒸气压等）和绿色屋顶结构配置水热特性参数为输入，建立绿色屋顶热传导模型与水量平衡简化模型耦合的水热运移耦合模型。采用全隐式有限差分法对水热耦合模型进行求解，并通过 MATLAB 软件对数学模型进行编程计算，以水热运移模型试验监测数据对水热耦合模型进行校准和验证。最后将水热耦合模型应用于一体化绿色屋顶与普通屋顶、传统绿色屋顶热性能对比分析，并对不同土壤层和蓄水层深度下绿色屋顶热性能进行分析。

5）绿色屋顶工程应用研究

基于西南地区某海绵城市专项建设项目，开展绿色屋顶水热运移现场监测，并将带蓄水层的绿色屋顶与传统绿色屋顶进行水热性能对比分析。通过水量平衡简化模型对蓄水层绿色屋顶和传统绿色屋顶水文性能进行估算，将估算结果应用于不同类型绿色屋顶对研究区域径流削减性能的影响研究。采用径流曲线数模型（SCS-CN）对项目区域不同下垫面表面径流进行模拟，以探讨不同结构配置绿色屋顶对研究区域径流削减性能的影响。此外，基于水热耦合模型对研究区域建筑屋面和不同结构配置绿色屋顶的水热耦合运移过程进行模拟，结合 EnergyPlus 软件对普通屋顶和绿色屋顶的制冷与制热能耗进行对比分析，指出绿色屋顶对研究区域建筑的节能降碳效益。

1.4.2　研究总体框架

本书从海绵城市建设的绿色屋顶技术及其对建筑的节能降碳效益出发，采用模型试验、数值模拟、理论分析和现场试验相结合的研究方法，开展覆土绿色屋顶水热运移机理及模型构建与应用研究，全书研究总体框架及思路如下。

（1）根据我国海绵城市建设和"双碳"目标需要，以岩土工程视角开展覆土绿色屋顶水热性能研究，并通过收集整理和分析国内外研究现状，明确研究目标和主要研究内容（第1章）。

（2）通过降雨和蒸散发条件下不同结构配置绿色屋顶水文性能模型试验和长期水热运移模型试验研究，分析绿色屋顶水热运移机理及关键影响因素，提出分层土和蓄水层绿色屋顶新型结构配置（第2章）。基于HYDRUS-1D 软件对分层土、蓄水层绿色屋顶水分运移过程进行数值模拟分析，结合模型试验研究进一步揭示绿色屋顶水分运移机理，提出绿色屋顶结构配置优化设计方法（第3章）。

（3）基于水量平衡模型和蒸散发估算模型，以气象数据和绿色屋顶结构配置参数为输入，考虑降雨和干旱期蒸散发条件下绿色屋顶土壤层和蓄水层两阶段的水量平衡，构建绿色屋顶水量平衡简化模型，动态模拟绿色屋顶土壤层和蓄水层长期水分变化。采用 Visual Basic 语言编写计算程序和可视化应用界面，模型试验结果经验证后用于绿色屋顶结构配置设计和灌溉管理研究（第4章）。

（4）基于第4章提出的水量平衡简化模型与热传导机理模型耦合，以气象数据和不同结构配置层水热特性参数为输入，建立考虑绿色屋顶土壤层和蓄水层水分动态变化的水热运移耦合模型。采用全隐式有效差分法进行求解并编写 MATLAB 计算程序，模型试验结果经验证后用于一体化绿色屋顶及不同土壤层和蓄水层绿色屋顶的水热运移模拟分析（第5章）。

（5）依托西南地区某海绵城市专项建设项目，开展普通屋顶、传统绿色屋顶和蓄水层绿色屋顶水热运移现场试验研究。通过水量平衡简化模型和径流曲线数模型（SCS-CN）分析不同结构配置绿色屋顶对项目研究区域径流削减性能的影响。采用水热耦合模型和 EnergyPlus 软件对绿色屋顶热性能和建筑节能降碳效益进行分析（第6章）。

第 2 章　绿色屋顶水热运移模型试验研究

2.1　概述

绿色屋顶的雨水滞留能力主要受降雨、雨前干旱期（antecedent dry weather period，ADWP）、土壤类型、土壤深度、蓄（排）水层类型和植被类型的影响[40]。众所周知，城市洪涝灾害往往发生在强降雨或连续降雨期间。在暴雨条件下粗放型绿色屋顶的径流削减率通常小于 30%[38]。在干旱期，绿色屋顶的水分主要通过土壤和植被的蒸散发与底部排水释放，从而获得降雨前的有效蓄水空间，达到雨水径流削减目标[88]。在绿色屋顶结构配置中，土壤层是影响绿色屋顶雨水滞留的主要因素。因此，已有研究对土壤改良材料类型（包括陶粒、浮石、珍珠岩、蛭石、椰糠、泥炭、生物炭等）及其混合配比开展了大量研究[18,40,54,89]。这些土壤改良材料通常要求轻量化、持水性高、渗透性强、吸附性强和养分适宜等[16,89]。

绿色屋顶排水层主要包括塑料排水板和排水骨料（如陶粒、卵石、砾石、橡胶屑等)[90-91]。研究表明，绿色屋顶土壤层的雨水滞留能力比排水层高 1.6～3.6 倍[92]。此外，绿色屋顶植被遭受水分胁迫的时间和累计灌溉量随着蓄水层深度的增加而减小[34]。绿色屋顶植被层主要通过蒸腾、冠层截留、根系优先流或挤占蓄水空间等影响绿色屋顶的持水能力和径流削减性能[30,93]。研究表明，绿色屋顶土壤类型和深度是影响绿色屋顶径流削减性能的主要因素，其次是坡度和植被类型[40]。

在绿色屋顶水热运移研究中，提高绿色屋顶水文性能和热性能，以及降低绿色屋顶建设和维护管理成本仍然是绿色屋顶研究考虑的重要因素。为保障绿色屋顶植被生长，已有研究主要集中在绿色屋顶排水层疏排水作用上，并主要通过土壤改良和增加土壤层深度来提高绿色屋顶的雨水滞留能力。不同结构配置（如分层土壤和底部蓄水层等）对绿色屋顶水热性能的影响机制尚不清楚。此外，与普通屋顶（含 XPS 保温隔热层和混凝土保护层）相比，一体化绿色屋顶结构（不含 XPS 保温隔热层和混凝土保护层）能否取代普通屋顶 XPS 保温隔热层尚不清楚。

　　本章旨在分析新型结构配置（分层土、蓄水层）相比于传统结构配置优化方法（即土壤改良和增加土壤深度）对提高绿色屋顶雨水滞留能力的影响，以及绿色屋顶替代普通屋顶保温隔热层的热性能潜力。在我国华南地区建立了 10 个不同结构配置的绿色屋顶试验模型，对不同土壤类型、土壤深度、蓄（排）水层和植被层等因素对绿色屋顶雨水滞留性能和蒸散发速率的影响进行研究。此外，针对分层土绿色屋顶、蓄水层绿色屋顶、传统绿色屋顶和普通屋顶建立了长期水热运移模型试验，对比分析不同结构配置绿色屋顶的长期水文性能和热性能。研究结果有助于绿色屋顶的优化设计，以及校准和开发不同结构配置下的绿色屋顶水热运移数值模型。

2.2　试验材料和方法

　　试验场地位于华南地区（北纬 22°50′28.41″，东经 108°17′9.00″）某校园一座建筑屋顶。该地区属于亚热带季风气候，夏季高温多雨，冬季干旱少雨，年平均气温和降雨量分别为 21.6℃和 1300mm。降雨集中在每年的 5 月至 9 月（月均降雨量大于 100mm），冬季月均降雨量小于 50mm。本研究主要包括不同结构配置绿色屋顶水分运移模型试验和绿色屋顶水热运移模型试验，模型试验现场布置如图 2-1 所示。

2.2.1　不同结构配置绿色屋顶水分运移模型试验

　　本研究绿色屋顶试验模型箱包括 10 个尺寸为 300mm×300mm×300mm 的亚克力（厚度为 5mm）方形土柱容器。试验模型箱类似于绿色屋顶常用的模块化种植托盘[94]。由于绿色屋顶基质土壤较高的渗透性，本研究没有考虑绿色屋顶表面径流，而是在每个试验模型箱设置高于土壤表

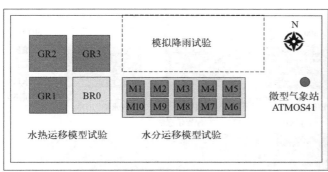

(a) 模型试验场地示意图　　　　　　　　(b) 模型试验现场

图 2-1　绿色屋顶水热运移模型试验场地

面约 100mm 的围挡以允许暴雨条件下土壤表面积水入渗（无表面径流）。类似的绿色屋顶试验模型箱也在已有研究中被广泛采用[40,54,93-94]。通过孔状亚克力板将试验模型箱划分为底部蓄（排）水层和土壤层两部分，并在填土前设置过滤土工布以防止土壤流失。如图 2-2(a) 所示，本研究中的绿色屋顶结构配置自下而上主要包括蓄（排）水层、过滤土工布、土壤层和植被层。通过在模型箱内壁涂抹薄层凡士林以缓解试验模型箱壁对降雨入渗的影响[54]。此外，在试验模型箱外壁包裹一层锡箔绝缘棉（5mm 厚）以降低外部环境对绿色屋顶蒸散发的影响。排水层底部或蓄水层顶部分别设置直径为 20mm 的排水孔以收集绿色屋顶底部排出的水。本研究不考虑坡度对绿色屋顶水文性能的影响，设计 10 组不同结构配置绿色屋顶试验模型箱水平放置于试验平台 [图 2-2(b)]。

　　本研究分别建立不同土壤类型、土壤深度、蓄（排）水层和植被层的 10 组试验模型（表 2-1），以探究绿色屋顶结构配置对其雨水滞留性能的影响机制。考虑绿色屋顶基质土壤的经济性，绿色屋顶建设通常采用当地耕植土作为土壤层。在华南地区，由于耕植土较高的可塑性和较低的渗透性，在实际应用中通常添加土改良材料（如细砂、泥炭、煤渣等）以获得更好的持水性、渗透性和养分含量。本研究采用绿色屋顶常用的三种土壤改良材料（泥炭、细砂和煤渣）与当地耕植土按一定比例混合（图 2-3），

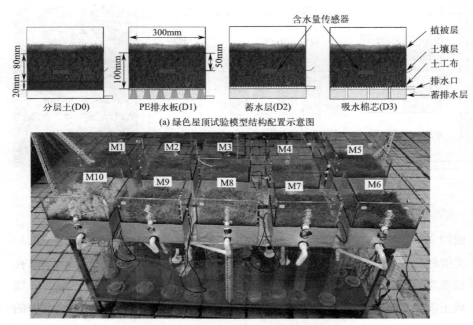

(a) 绿色屋顶试验模型结构配置示意图

(b) 10组不同结构配置绿色屋顶模型试验平台

图 2-2　绿色屋顶水分运移模型试验装置

以获得不同土壤类型的绿色屋顶进行对比分析。应该指出的是，所选择的土壤类型及土壤改良材料为绿色屋顶常用基质材料，并在已有研究中表明了较好的持水性和渗透性[18,89]。其中，土壤 TS1 由耕植土和泥炭按照 4∶1 体积比混合而成，土壤 TS2 由耕植土、泥炭和细砂按照 1∶1∶1 的体积比混合而成，土壤 TS3 由耕植土、泥炭、细砂和煤渣按照 1∶1∶1∶1 的体积比混合而成。通过筛分法和室内土工试验得到三种不同土壤类型的粒径分布和水力参数，如表 2-2 和表 2-3 所示。根据 FLL 的相关指南关于粗放型绿色屋顶土壤深度的建议[95]，本研究分别设置了 50mm、100mm 和 150mm 三组不同土壤层深度的绿色屋顶试验模型。其中，试验模型 M6 土壤层为上层土壤 TS2 和下层土壤 TS1 按照深度比为 4∶1 组合的分层土类型。

不同结构配置绿色屋顶模型试验　　　　　　表 2-1

试验模型编号	土壤类型（深度比例）	土壤深度（mm）	蓄（排）水层类型	植被类型
M1	TS1	100	无蓄水（D0）	结缕草
M2	TS2	100	无蓄水（D0）	结缕草
M3	TS3	100	无蓄水（D0）	结缕草
M4	TS2	50	无蓄水（D0）	结缕草
M5	TS2	150	无蓄水（D0）	结缕草
M6	TS1∶TS2（1∶4）	100	无蓄水（D0）	结缕草
M7	TS2	100	塑料排水板（D1）	结缕草
M8	TS2	100	蓄水层（D2）	结缕草
M9	TS2	100	蓄水层＋吸水棉芯（D3）	结缕草
M10	TS2	100	蓄水层＋吸水棉芯（D3）	佛甲草

三种土壤类型的粒径分布质量百分比　　　　　表 2-2

土壤类型	土壤粒径分布百分比（％）				
	＜0.5mm	0.5～1mm	1～2mm	2～5mm	＞5mm
TS1	42	25	21	8	4
TS2	33	28	20	13	6
TS3	27	22	16	10	25

三种土壤类型的水力参数　　　　　表 2-3

土壤类型	干密度（g/cm³）	饱和含水量（cm³/cm³）	持水量（cm³/cm³）	饱和导水率（mm/min）
TS1	0.99	0.52	0.43	0.24
TS2	0.95	0.55	0.35	0.45
TS3	0.83	0.57	0.33	0.73

　　本研究主要包括四种不同蓄水能力的蓄（排）水层类型（即 D0、D1、D2 和 D3）。其中，蓄（排）水层 D0 为无蓄水能力的排水层类型；蓄（排）水层 D1 为绿色屋顶建设中常用的 25mm 厚带凹槽塑料（polyethylene，PE）排水板，其凹槽蓄水能力约为 5mm；蓄（排）水层 D2 和 D3 为具有蓄水功能的蓄水层，其深度和蓄水能力均为 25mm。蓄（排）水层

(a) 耕植土　　　　　　　　(b) 泥炭

(c) 细砂　　　　　　　　(d) 煤渣

图 2-3　绿色屋顶土壤改良材料

D3 包含了 4 根均匀分布的吸水棉芯从蓄（排）水层 D3 底部延伸至土壤层中部，在干旱期通过吸水棉芯毛细吸水作用向绿色屋顶土壤层补给水分。植被类型均选自粗放型绿色屋顶常用的景天属和禾本科[96]。本研究在绿色屋顶试验模型 M1～M9 中均选择了相同的结缕草进行种植覆盖，而在试验模型 M10 中选择了景天属佛甲草进行种植，以探讨不同植被类型对绿色屋顶雨水滞留能力的影响。最后，所有试验模型均在植被种植 2 个月后开始试验监测，所有试验组在同一室外试验平台经历相同的降雨和干旱期。

　　通过在试验场地安装 ATMOS41 微型气象站（meter devices，USA）以监测降雨、温度、蒸气压、风速和太阳辐射等气象数据，并采用 ZL6（meter devices，USA）数据采集器每隔 5 分钟记录一次数据。如图 2-4 所示，5TE（meter devices，USA）含水量传感器埋设在绿色屋顶试验模型土壤层中部，以监测土壤层含水量随时间变化，并采用 EM50（decagon devices，USA）数据采集器每 5 分钟采集一次数据。绿色屋顶底部排水量通过量筒进行收集，并采用带有数据存储功能的高清摄像机实时监测排水量变化。绿色屋顶试验模型的日蒸散速率通过称重传感器获得，在每日的

18：00～19：00 监测绿色屋顶试验模型的质量变化并进行估算。

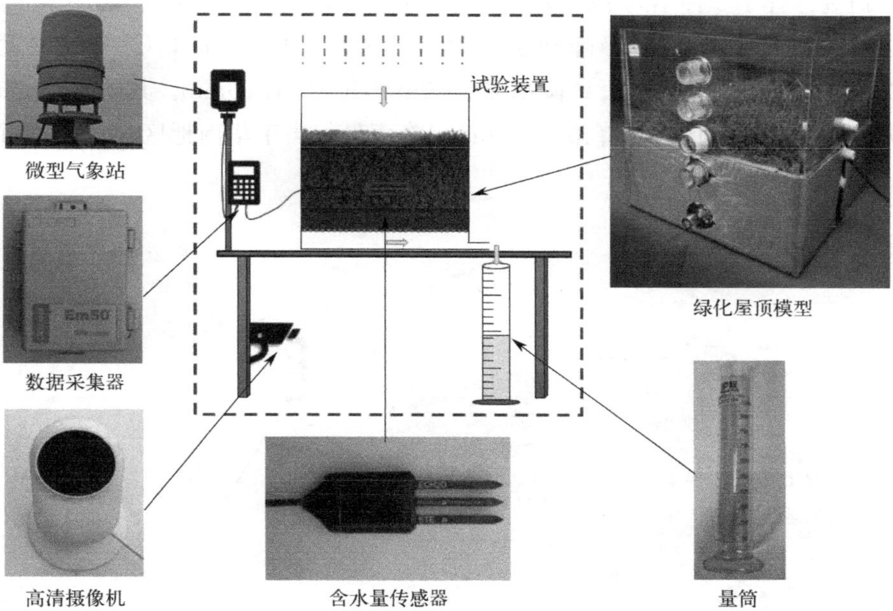

微型气象站

数据采集器

高清摄像机

试验装置

绿化屋顶模型

含水量传感器

量筒

图 2-4　绿色屋顶水分运移模型试验装置

　　为进一步探讨分层土和蓄水层绿色屋顶降雨入渗过程及径流削减性能，本研究选取 M1、M2、M6 和 M8 四组绿色屋顶试验模型进行模拟降雨试验研究。如图 2-5 所示，模拟降雨装置采用喷嘴作为雨滴发生器，而降雨强度由玻璃转子流量计进行控制[97]。采用 100L 水箱作为供水设备，供水压力水头由水泵提供。试验开始前对模拟降雨均匀性进行分析，测得模拟降雨均匀系数为 0.9。在每次模拟降雨事件前对流量计进行校准，不同模拟降雨强度下控制流量误差小于 0.4%。模拟降雨强度采用如下方程进行计算[97]：

$$I = 6 \times 10^4 \times \frac{Q}{A} \tag{2-1}$$

式中，I 为模拟降雨强度（mm/h）；Q 为流量计控制流量（ml/min）；A 为试验区域面积（mm²）。

考虑华南地区常见中雨和大雨的降雨强度，即 30mm/h 和 50mm/h。本研究选择了 3 种不同模拟降雨类型进行绿色屋顶水分运移模拟降雨试验。模拟降雨类型包括：①降雨强度 30mm/h，历时 60min；②降雨强度 30mm/h，历时 100min；③降雨强度 50mm/h，历时 60min。其中，30mm 降雨量为华南地区常见降雨量，50mm 降雨量相当于华南地区 1 年暴雨重现期的降雨量。

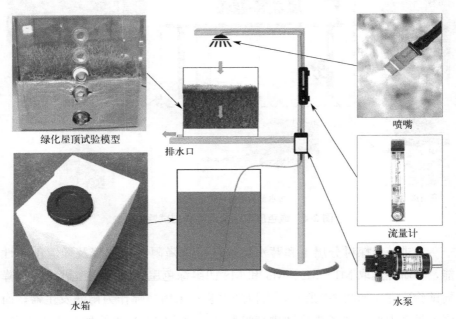

绿化屋顶试验模型

排水口

喷嘴

流量计

水箱

水泵

图 2-5 模拟降雨试验装置

2.2.2 绿色屋顶水热运移模型试验

在华南地区某校园一座建筑屋顶上建立 4 个不同屋顶结构配置的试验模型，包括 3 个绿色屋顶（即传统绿色屋顶 GR1 和蓄水层绿色屋顶 GR2、GR3）和 1 个普通屋顶 BR0（图 2-6）。设计建筑模型尺寸为 1000mm（长）×1000mm（宽）×800mm（高），所有屋顶结构板为钢筋混凝土现场浇筑而成，厚度为 100mm。为比较绿色屋顶与传统保温隔热层的阻热性能，在普通屋顶 BR0 混凝土结构板底部设置有 40mm 厚挤塑聚苯乙烯泡沫板（XPS）保温隔热层，而在绿色屋顶 GR1、GR2 和 GR3 屋顶结构板层未设置 XPS 保温隔热层。绿色屋顶从上至下的结构配置依次为植被层、土壤层、过滤土工布和蓄（排）水层，绿色屋顶模块安装尺寸为 1000mm×1000mm×180mm。底部蓄排水层采用 25mm 厚的网状植草格作为支撑结构 [图 2-6（b）]。其中，绿色屋顶 GR1 为无底部蓄水层的传统绿色屋顶（排水层深度为 25mm），并在排水层底部设置直径为 20mm 的排水管；绿色屋顶 GR2 和 GR3 包含了底部蓄水能力为 25mm 的蓄水层，并在蓄水层上部设置直径为 20mm 的排水管。所有绿色屋顶试验模型的土壤层深度均为 100mm，绿色屋顶安装模块边墙高于土壤表面约 50mm，以允许土壤表面积水入渗（无表面径流）。其中，绿色屋顶 GR1 和 GR3 土壤层为单层土壤 TS2，绿色屋顶 GR2 土壤层为分层土（上层土壤 TS2 与下层土壤 TS1 深度比为4:1）。绿色屋顶种植麦冬草进行覆盖，并在麦冬草种植超过 1 个月后开始试验监测。

(a) 试验现场　(b) 蓄排水层结构　(c) 排水收集容器　(d) 数据采集仪和含水量传感器　(e) 试验土壤层

图 2-6　绿色屋顶水热运移模型试验平台

绿色屋顶水热运移模型试验传感器布置示意图如图 2-7 所示，温度/含水量传感器（5TE，Meter Devices，USA）安装在绿色屋顶土壤层深度为20mm、50mm和80mm处以监测土壤层水热运移变化。在土壤层表面、混凝土结构板上表面和下表面，以及室内（距混凝土结构板下表面400mm）分别安装 RT-1 温度传感器，用于监测绿色屋顶与普通屋顶不同结构层温度变化。温度/含水量传感器与 ZL6 数据采集器连接，每间隔 5 分钟记录一次数据 [图 2-6（d）]。绿色屋顶和普通屋顶底部排水量通过 4 个带刻度的透明容器进行收集，并采用高清摄像机实际记录 [图 2-6（e）]。此外，植被层叶片气孔导度通过 SC-1 稳态气孔计（Meter Devices，USA）进行测量。

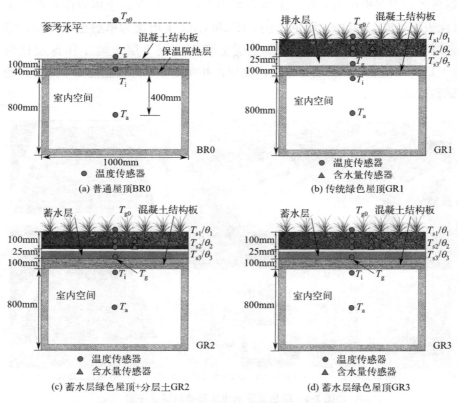

图 2-7　绿色屋顶水热运移模型试验及传感器布置示意图

2.2.3　试验数据分析

本研究中降雨量、排水径流量、蒸散发量、有效蓄水空间和含水量等可通过试验直接测量或通过监测数据进行估算。其中，绿色屋顶的雨水滞留率（rainwater retention capacity，RRC）或径流削减率可通过如下方程进行计算[40]：

$$RRC = \frac{R_v - V}{R_v} \times 100\%$$ (2-2)

式中，RRC 为绿色屋顶的雨水滞留率（%）；R_v 为降雨量（mm）；V 为绿色屋顶的排水量（mm）。

蒸散发速率 ET 是干旱期绿色屋顶水分释放的主要形式，可通过监测绿色屋顶试验模型质量变化进行估算获得。绿色屋顶在干旱期的蒸散速率采用如下表达式进行计算[98]：

$$ET = \frac{M_t - M_{t+1}}{A \cdot \rho_w} \times 10$$ (2-3)

式中，ET 为时间 t 至时间 $t+1$ 时段的蒸散发量（mm/d）；M_t 为 t 时刻监测的试验模型质量（g）；M_{t+1} 为 $t+1$ 时刻监测的试验模型质量（g）；A 为绿色屋顶试验模型的表面积（cm²）；ρ_w 为水的密度（g/mL）。

采用试验期间绿色屋顶试验模型的最大质量和最小质量之差表示其最大蓄水能力，则每个绿色屋顶试验模型的最大蓄水能力可以用如下方程进行计算[98]：

$$S_{max} = \frac{M_{max} - M_{min}}{A \cdot \rho_w} \times 10$$ (2-4)

式中，S_{max} 为绿色屋顶的最大蓄水容量（mm）；M_{max} 为绿色屋顶试验模型在最大蓄水容量下的质量（g）；M_{min} 为绿色屋顶试验模型在试验期间的最小质量（g）。

降雨事件前，绿色屋顶的有效蓄水空间（或有效蓄水能力）可以反映绿色屋顶的雨水滞留潜力，可以采用如下方程进行计算[98]：

$$AS_t = \frac{M_{max} - M_t}{A \cdot \rho_w} \times 10 \qquad (2\text{-}5)$$

式中，AS_t 为 t 时刻绿色屋顶的有效蓄水量（mm）；M_{max} 为绿色屋顶试验模型在最大蓄水容量下的质量（g）；M_t 为 t 时刻监测的绿色屋顶试验模型质量（g）。

2.3 不同结构配置绿色屋顶水分运移机制分析

2.3.1 降雨对绿色屋顶雨水滞留的影响

绿色屋顶水分运移模型试验在华南地区雨季进行，试验监测从 2020 年 6 月 22 日至 9 月 21 日。在本研究中，单次降雨事件被定义为降雨前后间隔大于 6h 的降雨事件[41]。试验期间累计降雨量为 470mm，共计监测 37 次降雨事件。10 个不同结构配置绿色屋顶试验模型的雨水滞留能力如表 2-4 所示。整体上，10 个不同结构配置绿色屋顶在监测期间的 37 次降雨事件中只有 22%～49% 的降雨事件产生了底部排水。产生底部排水次数最少的为带底部蓄水层的试验模型（即 M8、M9 和 M10），而产生排水次数最多的试验模型主要发生在土壤持水能力较低（即 M2 和 M3）和土壤深度较小的绿色屋顶模型（M4）。绿色屋顶试验模型的累计雨水滞留能力介于 34%～59%。该范围处于已有研究中粗放型绿色屋顶雨水滞留率的中等水平[38,99]。而单次降雨事件下绿色屋顶试验模型的平均雨水滞留率介于 68%～84%，这一结果要远高于模型试验的累计雨水滞留能力。这主要与小降雨事件下绿色屋顶试验模型较高的雨水滞留量有关。与没有底部蓄水层的试验模型相比，具有底部蓄水层的试验模型具有更高的雨水滞留能力，平均雨水滞留率提高了 14%。雨水滞留能力最低的是土壤深度为 50mm 的绿色屋顶试验模型，雨水滞留能力为 34%。此外，不同结构配置绿色屋顶试验模型的雨水滞留能力随着其最大雨水滞留量的增加而递增。

绿色屋顶试验模型的雨水滞留能力、平均雨水滞留率及产生排水的降雨事件

表 2-4

试验模型	最大雨水滞留量(mm)	雨水滞留能力(%)	平均雨水滞留率(%)	产生排水的降雨事件比例(%)
M1	43.61	48	76	38
M2	35.53	45	75	49
M3	33.26	42	74	49
M4	27.46	34	68	49
M5	48.44	53	80	43
M6	40.97	49	77	38
M7	36.16	46	75	41
M8	59.90	58	83	24
M9	59.24	59	84	22
M10	59.33	58	83	22

通常，在小于 10mm 的小降雨事件下，绿色屋顶被认为是没有径流或底部排水产生的。然而，在本研究中具有最小雨水滞留能力的试验模型（M2、M3 和 M4）也有 21% 的小降雨事件产生了底部排水，甚至在带有底部蓄水层的试验模型中有 8% 的小降雨事件在连续降雨（降雨间隔小于 1 天）期间产生了底部排水。如图 2-8(a) 所示为 2020 年 8 月 2日至 7 日发生的连续降雨事件，累计降雨量超过 170mm。由于较高的降雨强度，绿色屋顶试验模型在连续降雨事件下的有效蓄水空间逐渐趋于零。因此，在监测的 6 天时间内共发生了 7 次降雨事件，所有绿色屋顶试验模型的雨水滞留率均小于 10% ［图 2-8(b)］。这意味着在二次降雨事件之前绿色屋顶没有足够的有效蓄水空间。结果表明，绿色屋顶较高的雨水滞留率主要在小降雨事件，而连续降雨事件则降低了绿色屋顶的雨水滞留率。

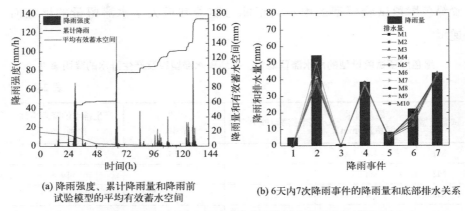

(a) 降雨强度、累计降雨量和降雨前
试验模型的平均有效蓄水空间

(b) 6天内7次降雨事件的降雨量和底部排水关系

图 2-8　连续降雨事件下绿色屋顶试验模型底部排水与降雨关系

2.3.2　蒸散发对绿色屋顶雨水滞留的影响

整体上，不同结构配置绿色屋顶的排水量随着降雨量的增加而递增。其中，土壤深度为 50mm 的绿色屋顶试验模型（M4）排水量最高，而排水量最低的为带底部蓄水层的绿色屋顶试验模型（M8、M9 和 M10）。如图 2-9 所示，不同结构配置绿色屋顶试验模型降雨前的平均有效蓄水量与平均雨水滞留量呈线性关系，$R^2 = 0.91$。应该指出的是，所有试验模型的

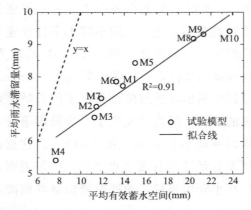

图 2-9　不同结构配置绿色屋顶试验模型的平均有效蓄水量与平均雨水滞留量关系

平均有效蓄水量显著高于平均雨水滞留量。这主要与绿色屋顶有超过 50％ 的降雨事件没有产生排水有关，即超过 50％ 的降雨事件的降雨量小于绿色屋顶降雨前的有效蓄水量。这表明绿色屋顶的雨水滞留主要受绿色屋顶的有效蓄水量和降雨量的影响。

　　如图 2-10(a) 所示，土壤 TS2 和土壤 TS3 对应的绿色屋顶试验模型在降雨前的有效蓄水空间没有显著差异，其有效蓄水空间的平均值和中位线基本一致。土壤 TS1 具有最大的有效蓄水空间，平均比土壤 TS2 和 TS3 高 2.5mm。值得注意的是，分层土的有效蓄水空间介于土壤 TS1 和 TS2 之间。50mm 土壤深度绿色屋顶的有效蓄水空间远低于 100mm 和 150mm 土壤深度绿色屋顶的有效蓄水空间。随着土壤深度增加到 100mm 和 150mm，绿色屋顶的有效蓄水空间分别增加了 3.75mm 和 3.56mm。这与模型试验中得到的绿色屋顶雨水滞留率一致，即绿色屋顶土壤深度越大则雨水滞留率越高[图 2-10(b)]。与不同类型蓄（排）水层绿色屋顶的有效蓄水空间相比，带蓄水层的绿色屋顶有效蓄水空间最大。而传统塑料排水板的绿色屋顶模型 M7 的有效蓄水空间仅略大于无蓄水功能的绿色屋顶模型 M2[图 2-10(c)]。然而，对于具有 25mm 底部蓄水层的绿色屋顶模型，其平均有效蓄水空间仅比无蓄水功能的排水层绿色屋顶高 10mm，这主要与绿色屋顶蓄水层在干旱期的水分没有完全损耗有关。此外，带吸水棉芯的蓄水层绿色屋顶 M9 比普通蓄水层绿色屋顶 M8 的平均有效蓄水空间高 3.33mm。种植结缕草的绿色屋顶平均有效蓄水空间比种植佛甲草的绿色屋顶高 2.42mm。

　　在干旱期，较高的蒸散发速率意味着绿色屋顶更高的水分损失，从而提供绿色屋顶在降雨前更大的有效蓄水空间。整体上，所有绿色屋顶模型的平均蒸散发速率在 2.7～4.6mm/d。如图 2-11(a) 所示，土壤 TS1 的绿色屋顶蒸散发速率显著高于土壤 TS2，其次是土壤 TS3。此外，绿色屋顶的蒸散发速率随着土壤深度的增加而递增，深度每增加 50mm，蒸散发速率分别增加 0.59mm/d 和 0.22mm/d[图 2-11(b)]。分层土绿色屋顶平均蒸散发速率高于土壤 TS2 和 150mm 土壤深度绿色屋顶，这可能与分层土较高的有效含水量有关。蒸散发速率最高的是带蓄水层的绿色屋顶模型（平均蒸散发速率为 4.4mm/d），相比于传统塑料排水板绿色屋顶的平均蒸

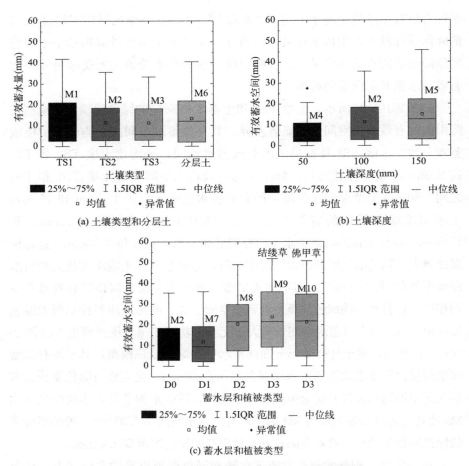

(a) 土壤类型和分层土

(b) 土壤深度

(c) 蓄水层和植被类型

图 2-10　降雨前绿色屋顶有效蓄水空间箱线图

散发速率提高了 30%[图 2-11(c)]。此外，种植结缕草的绿色屋顶平均蒸散发速率高于种植佛甲草的绿色屋顶，这可能与佛甲草较低的蒸腾速率有关[17,100-101]。

2.3.3　结构配置对绿色屋顶雨水滞留的影响

1）土壤类型和分层土

如表 2-2 和表 2-3 所示，与土壤 TS1 相比，土壤 TS2 和土壤 TS3 中大

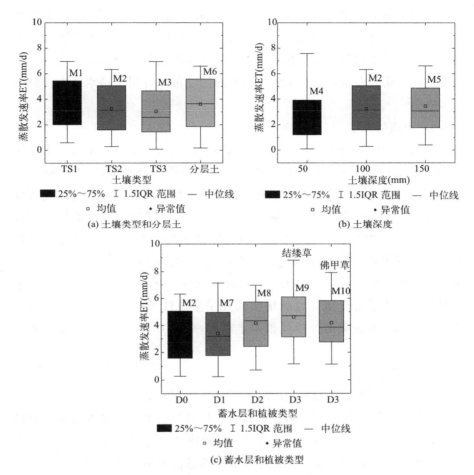

(a) 土壤类型和分层土

(b) 土壤深度

(c) 蓄水层和植被类型

图 2-11　不同结构配置绿色屋顶日蒸散速率箱线图

于 1mm 的粒径比例较高，这也导致土壤 TS2 和土壤 TS3 较低的持水量。通常，土壤层较高的持水量意味着绿色屋顶具有较高的雨水滞留能力。如图 2-12（a）所示，不同土壤类型的绿色屋顶雨水滞留率几乎与土壤的持水量成正比。应该指出的是，分层土（上层土壤 TS2 与下层土壤 TS1 深度比为 4：1）绿色屋顶试验模型 M6 的累计雨水滞留率比土壤 TS1 和土壤 TS2 绿色屋顶试验模型（M1 和 M2）的累计雨水滞留率分别高 1％和 4％，平均雨水滞留能力分别比土壤 TS1 和土壤 TS2 绿色屋顶高 1％和 2％。绿色屋顶的雨水滞留量主要取决于土壤层的持水量能力[102]。由于分层土界面毛细屏障效应减少土壤水分入渗,从而提高了上层土壤的持水能力[103]。另外,由于干旱期间分层土的蒸散发速率较高而提供了降雨前更大的有效蓄水空间。研究表明,随着土壤质地差异的增加,分层土持水能力得到进一步提高[104]。

2)土壤层深度

如图 2-12(b)所示,随着土壤深度从 50mm 增加到 150mm,土壤深度每增加 50mm,绿色屋顶试验模型的雨水滞留率分别提高 11% 和 8%。绿色屋顶雨水滞留率随着土壤深度的增加而递增,因为增加土壤深度可以提供降雨前更大的有效蓄水空间[105]。然而,绿色屋顶雨水滞留量的增长速率随土壤层深度增加而降低,即绿色屋顶土壤层超过一定深度后,增加土壤层深度的方法对绿色屋顶雨水滞留率的提高并不显著。已有研究表明,绿色屋顶对径流削减的增长率随土壤深度的增加而降低[51]。而绿色屋顶的自重随着土壤深度的增加而几乎呈线性增长。因此,通过过度增加土壤深度方法提高绿色屋顶雨水滞留率并不可取,这反而增加了屋面荷载。

3)蓄水层

整体上,蓄水层对绿色屋顶雨水滞留率的影响最大,其次是土壤材料和土壤深度。试验期间种植结缕草和佛甲草对绿色屋顶雨水滞留率没有显著影响。如图 2-12(c)所示,蓄水层绿色屋顶试验模型在超过 75% 的降雨事件下不会产生底部排水。带底部蓄水层的绿色屋顶比传统塑料排水板绿色屋顶的雨水滞留能力提高了 12%,比无蓄水层绿色屋顶的雨水滞留率提高了 13%。考虑绿色屋顶土壤材料应尽可能选择轻质土壤以最大限度地减少建筑屋面荷载[52],因此,与采用轻质土壤和增加土壤深度相比,绿色屋顶底部蓄水层能够提供更大的雨水滞留空间而较少增加屋面荷载。此外,蓄水层可以在干旱期保持土壤较高的含水量而延迟植被遭受水分胁迫的时间,这类似于通过增加土壤深度提供直接有效的蓄水空间。因此,已有研究也逐渐关注蓄水层对提高绿色屋顶雨水滞留率的影响[101,106]。当绿色屋顶土壤接近饱和时,底部蓄水层的蒸发速率几乎为零,随后,蓄水层蒸发

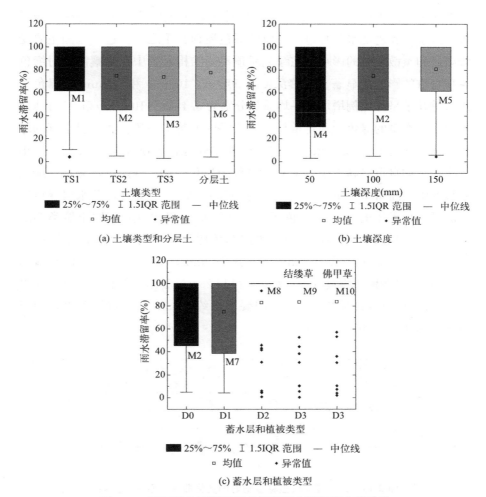

图 2-12 不同结构配置下绿色屋顶雨水滞留能力箱线图

速率随着土壤含水量的降低而增加，直到蓄水层水分耗尽[91]。此外，在蓄水层绿色屋顶模型中选择佛甲草和结缕草对绿色屋顶的雨水滞留率没有显著影响。

2.3.4 绿色屋顶结构配置对屋面荷载的影响

绿色屋顶自重随着降雨量的增加而递增，并在干旱期随着蒸散发量的增加而呈逐渐下降趋势（图 2-13）。整体上，绿色屋顶自重保持在土壤层最大持水量和遭受水分胁迫所对应的绿色屋顶自重之间，这一范围主要受降雨量和蒸散发量的影响。在绿色屋顶不同结构配置中，土壤深度对绿色屋顶自重的影响最显著。土壤深度为 50mm、100mm 和 150mm 的绿色屋顶自重几乎呈等比例增加，平均质量分别为 5.44kg、10.11kg 和 15.15kg。不同土壤类型的绿色屋顶自重与土壤的干密度基本一致。而分层土壤的绿色屋顶平均自重（10.44kg）比单一土壤 TS1 绿色屋顶自重（12.12kg）小得多，平均自重略高于单一土壤 TS2 绿色屋顶（10.11kg）。但分层土绿色屋顶的雨水滞留率比单一土壤 TS2 绿色屋顶高 4%。此外，蓄水层绿色屋顶的平均自重比土壤 TS1 绿色屋顶小 0.86kg，仅比具有相同土壤类型的 TS2 绿色屋顶大 1.15kg，然而蓄水层绿色屋顶的平均雨水滞留率提高了13%。随着土壤深度从 100mm 增加到 150mm，绿色屋顶平均自重增加 5.0kg，雨水滞留率提高 8%。为了获得与 25mm 蓄水层绿色屋顶（土壤深度 100mm）相同的雨水滞留率，需要增加约 80mm 的土壤层深度，相应地增加约 $0.9kN/m^2$ 屋面荷载。

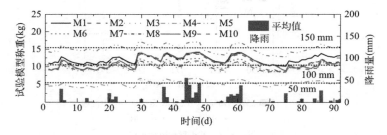

图 2-13 绿色屋顶模型称重随时间变化曲线（不含模型箱）

2.4 绿色屋顶年径流削减性能分析

2.4.1 绿色屋顶季节性水文性能

在为期一年的水热运移模型试验监测时间（2020 年 8 月 1 日至 2021 年 7 月 31 日）中，监测的年累计降雨量为 1483mm。在本研究中，超过

5mm 的降雨事件被定义为有效降雨事件，则试验期间共发生了 58 次有效降雨事件，占年降雨事件的 50%。如图 2-14（a）所示，在试验期间的 58 次有效降雨事件中，绿色屋顶 GR1、GR2 和 GR3 分别仅有 34 次、29 次和 31 次有效降雨事件产生了底部排水，分别占有效降雨事件的 59%、50% 和 53%。总体上，试验期间的年季节性集中降雨特征比较明显，夏季月降雨量超过 280mm，其余月份低于 120mm。夏季累计降雨量达到 994mm，占全年累计降雨量的 67%，而整个冬季仅有 1 次有效降雨。此外，绿色屋顶产生排水的有效降雨事件也主要发生在夏季，占比高达 86%。相反，较长的降雨时间间隔主要发生在冬季，最长干旱期高达 108 天，而夏季有效降雨事件的平均降雨时间间隔仅为 2 天［图 2-14（b）］。

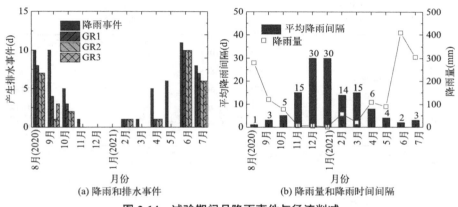

(a) 降雨和排水事件　　　　　　(b) 降雨量和降雨时间间隔

图 2-14　试验期间月降雨事件与径流削减

2.4.2　绿色屋顶年径流削减率

一般来说，绿色屋顶的径流削减量随降雨量的增加而递增，但绿色屋顶排水径流峰值要远小于降雨峰值（图 2-15）。即暴雨条件下，绿色屋顶滞留部分雨水，并在降雨量大于绿色屋顶最大雨水滞留量后产生底部排水，三种不同结构配置绿色屋顶（GR1、GR2、GR3）的年径流削减率分别为 35%、50% 和 49%。在 58 次有效降雨事件中，75% 的有效降雨量小于 32mm［图 2-15（d）］。在 75% 的有效降雨事件中，绿色屋顶 GR1、GR2、GR3 的径流削减率均为 100%。对于试验期间的 58 次有效降雨事件，绿色屋顶 GR1 对单个降雨事件的径流削减率介于 0～100％，GR2 的径流削减率主要在 36％～100％，GR3 的径流削减率主要介于 34％～100％。

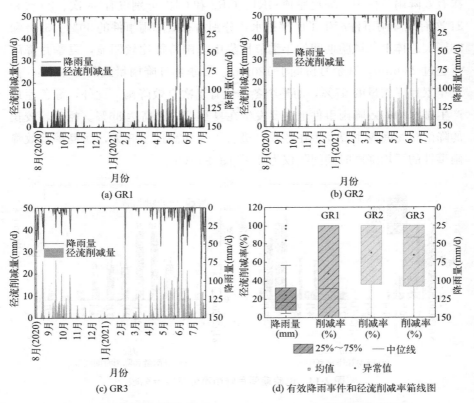

图 2-15　试验期间绿色屋顶（GR1、GR2、GR3）的径流削减性能

　　总体上，绿色屋顶 GR1、GR2、GR3 在 58 次有效降雨事件的平均径流削减率分别为 48％、70％和 67％，这一结果要远大于绿色屋顶的年径流削减率。结果表明，相比于无蓄水层绿色屋顶 GR1，带蓄水层的绿色屋顶（GR2、GR3）年径流削减率可达 50％，年径流削减率提高 15％。在监测的 58 次有效降雨事件中，绿色屋顶能够将超过 75％的有效降雨事件径流削减率控制在 100％。与已有研究相比，绿色屋顶 35％～50％的年径流削减率处于合理范围。类似地，有研究对深圳市开展的绿色屋顶水文性能进

行模拟，得到了 30% 的年径流削减率[42]；125mm 土壤深度的绿色屋顶雨水滞留能力为 32.9%[41]，80mm 土壤深度的绿色屋顶年雨水保留率为 50.2%[38]。还有研究通过统计既有研究成果得到单次降雨事件的平均径流削减率为 62%[107]，而绿色屋顶在所有降雨事件（>2mm）的平均径流削减率为 61%[38]。

2.4.3　干湿交替下绿色屋顶含水量变化规律

总体上，绿色屋顶土壤层含水量在干旱期随蒸散发而逐渐降低，并随降雨或灌溉的进行而迅速增加（图 2-16）。其中，绿色屋顶 GR2 土壤层（分层土）最大含水量最高为 0.37mm^3/mm^3，其次是绿色屋顶 GR3 土壤层最大含水量为 0.35mm^3/mm^3，绿色屋顶 GR1 土壤层最大含水量最小为 0.3mm^3/mm^3。本研究中定义植被遭受水分胁迫所对应的土壤含水量阈值为 0.13mm^3/mm$^{3[33-34]}$。如图 2-16 所示，试验期间共有 4 个干旱期需要进行灌溉，以确保植被正常生长。其中，一个较长的干旱期出现在冬季，持续了 108 天（无有效降雨），共进行了 4 次灌溉；而春季、夏季和秋季分别需要进行 1 次灌溉。已有研究表明，绿色屋顶在无灌溉条件下，一年中植被有超过 35% 的时间遭受水分胁迫[91]。在冬季，带蓄水层的绿色屋顶（GR2、GR3）在充分灌溉条件下（土壤和蓄水层饱和）能够确保植被持续 25 天不会遭受水分胁迫，而无蓄水层的绿色屋顶（GR1）为 16 天。在夏

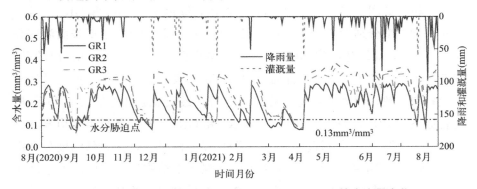

图 2-16　试验期间绿色屋顶（GR1、GR2、GR3）土壤含水量变化

季，无蓄水层的绿色屋顶在充分灌溉条件下能够维持植被不发生水分胁迫时间为 6 天，而带蓄水层的绿色屋顶则超过 7 天（降雨前含水量为 $0.17mm^3/mm^3$）。结果表明，带蓄水层的绿色屋顶能够有效推迟绿色屋顶在干旱期的灌溉时间约 9 天，绿色屋顶植被层遭受水分胁迫的时间主要出现在超过 7 天的干旱期。

2.5 绿色屋顶热性能分析

2.5.1 绿色屋顶不同结构层热性能试验结果

如图 2-17(a) 所示，试验期间的年平均气温为 24℃，全年气温介于 4～38℃，年最低气温出现在 1 月，而最高气温主要出现在 7～9 月。月平均气温超过 25℃的月份为 5～9 月（平均气温可达 29℃），最低气温为 21℃，最高气温为 38℃。气温最低的月份为 12 月和 1 月（平均气温为 15℃），气温介于 4～25℃。试验期间的 10～11 月、2～4 月气温处于中等水平（平均气温为 22℃），气温介于 12～34℃。然而，普通屋顶 BR0 混凝土结构板上表面温度介于 2～64℃，年平均温度为 26℃[图 2-17(b)]。普通屋顶 BR0 混凝土结构板上表面温度范围远大于空气温度，这主要与混凝土结构板在日间吸收较高的太阳辐射热能有关。在本研究中，没有考虑分层土对绿色屋顶（GR2）热性能的影响，因此，仅对绿色屋顶 GR1 和 GR3 的热性能与普通屋顶进行对比分析。如图 2-17(c)、图 2-17(d) 所示，绿色屋顶 GR1 和 GR3 土壤表面年平均温度分别为 25℃和 24℃。其中，绿色屋顶 GR1 土壤表面温度介于 4～47℃，而绿色屋顶 GR3 土壤表面温度在 5～42℃。应该指出的是，绿色屋顶（GR1 和 GR3）、普通屋顶（BR0）表面温度变化趋势与月气温变化趋势一致，即最高温度出现在 5～9 月，最低温度出现在 12 月和 1 月。与普通屋顶 BR0 相比，绿色屋顶（GR1 和 GR3）土壤表面年平均温度分别降低 1℃和 2℃，年最高温度分别降低 17℃和 22℃，年最低温度分别提高 2℃和 3℃。结果表明，普通屋顶 BR0 混凝土结构板上表面温差远高于空气温度，并表现为不利于建筑物保温隔热的"高温吸热增温、低温散热降温"现象。绿色屋顶土壤表面温差范围远低于普通屋顶，相比于普通屋顶，带蓄水层的绿色屋顶 GR3 能够将表面最高温度降低 22℃，最低温度提高 3℃，年平均温度降低 2℃。

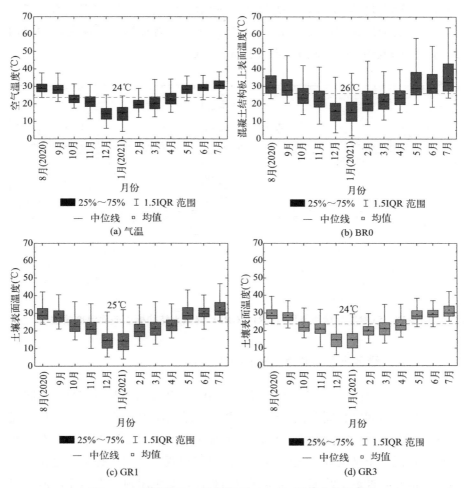

(a) 气温

(b) BR0

(c) GR1

(d) GR3

图 2-17　监测气温、普通屋顶（BR0）混凝土结构板上表面温度及绿色屋顶（GR1、GR3）土壤表面温度箱线图

如图 2-18 所示，绿色屋顶（GR1 和 GR3）混凝土结构板上表面年平均温度分别为 25℃ 和 24℃，年温度分别介于 6～41℃ 和 6～38℃。绿色屋顶 GR1 和 GR3 混凝土结构板上表面在高温月份（5～9 月）的平均温度分别为 31℃ 和 30℃，在低温月份（12 月和 1 月）的平均温度多为 15℃。相比于普通屋顶，绿色屋顶混凝土结构板上表面温度在高温月份降低 2～3℃，在低温月份降低 1℃。如图 2-19 所示，绿色屋顶室内温度介于 7～41℃，而普通屋顶室内温度在 6～42℃。相比于普通屋顶，绿色屋顶室内最高温度降低约 1℃，而最低温度提高约 1℃。

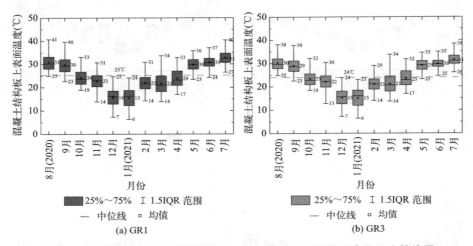

图 2-18　试验期间绿色屋顶（GR1、GR3）混凝土结构板上表面温度箱线图

2.5.2　绿色屋顶与普通屋顶热性能比较

如图 2-20 所示，绿色屋顶（GR1、GR3）和普通屋顶（BR0）不同结构层温度随时间呈日周期性变化。在夏季，绿色屋顶土壤表面温度与普通屋顶表面温度峰值时间基本一致，表面温度最大值为每日 16:00 左右。而绿色屋顶混凝土结构板上表面温度峰值时间出现在每日 18:00，比其表面温度峰值时间推迟了约 2h。与普通屋顶相比，绿色屋顶室内温度峰值时间推迟了约 1h。整体上，绿色屋顶和普通屋顶表面温度高于空气温度，GR1、GR2、BR0 夏季表面平均温度和平均气温分别为 33℃、31℃、36℃和 31℃[图 2-20(a)]。土壤含水量随着蒸散发的降低，绿色屋顶夏季土壤表面峰值温度逐日增加，与无蓄水层绿色屋顶 GR1 相比，蓄水层绿色屋顶 GR3 有效延缓了土壤表面温度逐日增加的时间和峰值温度。在冬季，BR0

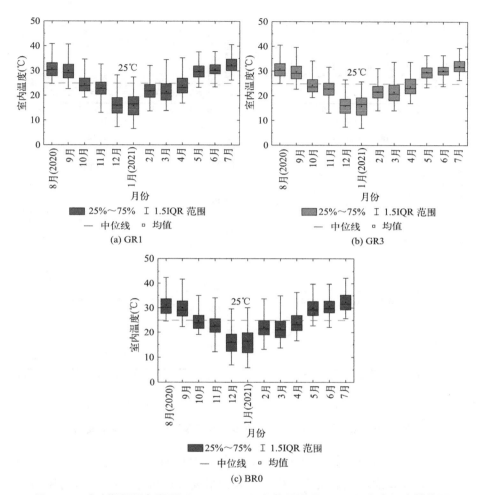

图 2-19　试验期间绿色屋顶（GR1、GR3）和普通屋顶（BR0）室内温度箱线图

表面平均温度为 15℃，而 GR1、GR2 和平均气温均为 13℃［图 2-20（b）］。

　　由于绿色屋顶结构层（植被层、土壤层和蓄排水层）的阻热作用，绿色屋顶底部混凝土结构板上表面峰值温度被显著削减［图 2-20（c）、图 2-20（d）］。与绿色屋顶土壤表面峰值温度（GR1 为 58℃、GR3 为 50℃）相比，绿色屋顶底部混凝土结构板上表面温度峰值均降低至 42℃。冬季绿色

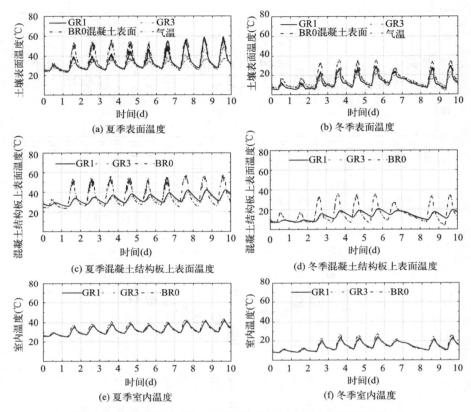

图 2-20　绿色屋顶和普通屋顶在夏季和冬季不同结构层温度变化

屋顶（GR1、GR3）混凝土结构板上表面温度峰值分别降低至 21℃ 和 20℃。夏季普通屋顶混凝土结构板上表面最高温度可达 58℃，普通屋顶混凝土结构板上表面日温差可达 32℃，而绿色屋顶 GR1 和 GR3 混凝土结构板上表面最大日温差分别为 11℃ 和 10℃，绿色屋顶混凝土结构板上表面日温差比普通屋顶分别降低 21℃ 和 22℃。冬季绿色屋顶 GR1 和 GR3 混凝土结构板上表面最大日温差比普通屋顶分别降低 23℃ 和 24℃。此外，绿色屋顶混凝土结构板温度还表现为日间（7:00～19:00）低于普通屋顶而夜间（19:00～次日 7:00）高于普通屋顶的现象。这表明绿色屋顶在日间具有比普通屋顶更好的隔热作用，而夜间则具有比普通屋顶更低的散热作用。然而，对比绿色屋顶和普通屋顶室内温度没有显著差异，冬季和夏季绿色屋顶室内平均温度均比普通屋顶降低约 1℃。

2.6　本章小结

本研究在华南地区的雨季建立了 10 个不同结构配置（土壤类型、土壤深度、蓄排水层和植被层）的绿色屋顶模型进行试验，对不同结构配置绿色屋顶的雨水滞留性能及影响机制进行分析。随后，针对提出的蓄水层和分层土绿色屋顶建立了与传统绿色屋顶和普通屋顶进行对比分析的水热运移模型试验，并进行为期一年的水热性能监测。主要研究结论如下。

（1）在不同结构配置绿色屋顶模型试验中，带底部蓄水层的绿色屋顶具有最高的雨水滞留率（59%），其次是 150mm 深度绿色屋顶的雨水滞留率（53%），而土壤深度为 50mm 的绿色屋顶具有最低的雨水滞留率（34%）。尽管增加土壤深度能够提高绿色屋顶的雨水滞留率，但屋面荷载随土壤深度增加而线性递增，而雨水滞留的增长率随土壤深度增加而递减。为了获得与 25mm 蓄水层绿色屋顶（土壤深度 100mm）相同的雨水滞留率，约需增加 80mm 深度的土壤层，相应地增加约 $0.8kN/m^2$ 屋面荷载。

（2）增加蓄水层可以有效提高绿色屋顶的雨水滞留率，并在干旱期通过潜水蒸发补给上层土壤水分。与无蓄水层的绿色屋顶相比，蓄水层绿色屋顶雨水滞留率提高了 13%。此外，分层土可以显著提高土壤层的持水能力，从而得到比单一土层更高的雨水滞留率，雨水滞留率提高 1%～4%。

（3）绿色屋顶较高的雨水滞留率主要出现在小降雨事件（<10mm）中，雨水滞留率几乎为 100%。然而，在连续降雨期间（有效降雨事件间隔<1 天）所有绿色屋顶模型的雨水滞留率均小于 10%，因为连续降雨条件下绿色屋顶没有足够的有效蓄水空间。

（4）绿色屋顶雨水滞留率主要受降雨、蒸散发和结构配置因素的影响，植被较高的蒸腾速率和土壤层较高的含水量往往对应绿色屋顶较高的蒸散发速率，以此获得降雨前较大的有效蓄水空间，从而提高绿色屋顶雨水滞留能力。整体上，试验期间有超过 50％的降雨事件的降雨量小于绿色屋顶的有效蓄水空间。由于分层土绿色屋顶较高的含水量，其平均蒸散发速率高于单一土层和 150mm 土壤深度绿色屋顶。相比于传统塑料排水板绿色屋顶，蓄水层绿色屋顶的平均蒸散发速率（4.4mm/d）提高了 30％。

（5）长期水热运移模型试验结果表明，相比于无蓄水层绿色屋顶 GR1，带蓄水层的绿色屋顶 GR3 年径流削减率可达 49％，年径流削减率提高 14％。在监测的 58 次有效降雨事件中，带蓄水层绿色屋顶仅有 25％的有效降雨事件产生排水。带蓄水层的绿色屋顶能够有效推迟绿色屋顶在干旱期的灌溉时间约 9 天，植被层遭受水分胁迫的时间主要出现在超过 7 天的干旱期。

（6）绿色屋顶土壤表面温差范围远低于普通屋顶，相比于普通屋顶，带蓄水层的绿色屋顶 GR3 能够将夏季表面最高温度降低 22℃，冬季最低温度增加 3℃，年平均温度降低 2℃。在华南地区夏季普通屋顶的混凝土结构板上表面最高温度可达 58℃，日温差可达 32℃，而绿色屋顶 GR1 和 GR3 混凝土结构板上表面最大日温差分别为 11℃和 10℃，分别降低 21℃和 22℃。

（7）随着绿色屋顶土壤含水量在干旱期逐日降低，绿色屋顶夏季土壤表面峰值温度也逐日增加，与无蓄水层绿色屋顶 GR1 相比，蓄水层绿色屋顶 GR3 能够有效延缓土壤表面温度逐日增加的时间和峰值温度。此外，绿色屋顶混凝土结构板上表面温度还表现为日间（7:00～19:00）低于普通屋顶而夜间（19:00～次日 7:00）高于普通屋顶的现象。

第3章　绿色屋顶水分运移数值模拟研究

3.1　概述

在城市雨水管理中，绿色屋顶有助于滞留雨水，从而削减径流量、降低峰值径流并推迟峰值径流时间[108]。为了提高绿色屋顶的径流削减性能，已有研究主要关注提高土壤的持水能力和增加土壤层深度[16-18]。然而，土壤改良或增加土壤层深度也会导致建设成本和屋面荷载增加。特别是通过土壤改良方式提高土壤持水能力通常会导致土壤渗透性降低[109]。此外，绿色屋顶通常采用带凹槽的塑料排水板或排水骨料（即陶粒、卵石等）作为底部蓄（排）水层。然而，带凹槽的塑料排水板蓄水能力有限，且主要发挥疏排水作用，绿色屋顶雨水滞留仍然以土壤层持水能力占主导地位。

分层土水文性能在岩土、农业和环境领域已得到广泛研究。与均质土壤相比，土壤质地的垂直变化能够有效改善土壤持水能力[103]。土壤持水能力随着土壤质地不同而改变[104]。分层土可显著增加土壤的田间持水量，并延缓植被遭受水分胁迫时间[110]。分层土界面处存在毛细屏障减少了土壤水分入渗，从而增加了上层土壤的含水量[111]。采用 HYDRUS-1D 软件能够较好地模拟分层土柱的降雨入渗过程[112]。

绿色屋顶的入渗率和雨水滞留量主要受降雨特性的影响，降雨入渗量被绿色屋顶的土壤层和蓄水层保留，而暴雨下的地表径流则可能降低绿色屋顶雨水滞留量[33,113]。通过在绿色屋顶底部安装蓄水层，可以增加绿色屋顶的蓄水能力并在干旱期通过潜水蒸发作用为土壤层提供水分，从而延缓植被遭受水分胁迫时间和灌溉周期[35]。此外，允许土壤表面蓄水也可以增加降雨累积入渗量，从而增加绿色屋顶的径流削减能力。模拟降雨条件下生物炭改性土表面积水的最大高度可达 20mm[113]。在模拟降雨条件下得到绿色屋顶土壤表面的最大蓄水深度在 5～15mm[114]。

本章采用 HYDRUS-1D 软件对分层土和蓄水层绿色屋顶水文过程进行数值模拟研究，通过模型试验结果对数值模型进行验证，探讨分层土提高绿色屋顶径流削减性能的影响因素和雨水滞留机理，分析暴雨条件下蓄水层和表面蓄水对绿色屋顶的入渗、地表径流、雨水滞留、排水延迟和排水峰值削减的影响。

3.2 绿色屋顶水分运移数值模型

HYDRUS-1D 软件主要用于一维饱和—非饱和多孔介质中水、热和溶质运移的数值模拟[115]。该软件可以设置分层土壤的不同水力参数属性，设置大气边界条件（降雨和蒸散发）和自由排水边界条件，已广泛应用于降雨条件下绿色屋顶水文性能的数值模拟[34,55,76]。HYDRUS-1D 软件采用 Richards 方程模拟土壤中的一维垂直水分运移，其基本控制方程表示如下[71]：

$$\frac{\partial \theta}{\partial t} = \frac{\partial}{\partial z}\left[K(h)\left(\frac{\partial h}{\partial z} - 1\right)\right] \tag{3-1}$$

式中，t 为时间（min）；θ 为体积含水量（mm^3/mm^3）；h 为压力水头（mm）；z 为土壤深度（mm）；$K(h)$ 为非饱和导水率（mm/min）。土壤非饱和水力特性参数由 van Genuchten-Mualem 方程给出[72]：

$$\theta(h) = \begin{cases} \theta_r + \dfrac{\theta_s - \theta_r}{[1 + |\alpha h|^n]^m} & (h < 0) \\ \theta_s & (h \geqslant 0) \end{cases} \left(m = 1 - \dfrac{1}{n}, 0 < m < 1\right) \tag{3-2}$$

$$S_e = \frac{\theta - \theta_r}{\theta_s - \theta_r} \tag{3-3}$$

$$K(S_e) = K_s S_e^l \left[1 - (1 - S_e^{1/m})^m\right]^2 \tag{3-4}$$

式中，S_e 为土壤饱和度；θ_s 为饱和含水量（mm^3/mm^3）；θ_r 为残余含水

量（mm³/mm³）；K_s 为饱和导水率（mm/min）；α，m，n 为经验参数；l 通常取 0.5。

　　数值模型假设土壤层为均质土壤，土壤深度与模型试验的尺寸一致（100mm）。上边界条件设定为随时间变化的大气边界（即降雨量），下边界条件设置为自由排水边界。由于本研究侧重于单次降雨事件下的降雨入渗过程，因此，上边界条件的蒸散发量均设置为零。根据需要分别设置土壤表面径流或允许土壤表面最大蓄水深度。初始条件以土壤含水量的形式进行设置，土壤水力参数的初始值可根据试验测量结果设置取值范围，再通过 HYDRUS-1D 软件内置的参数反解模块对土壤水力参数进行估算。

　　本研究采用纳什效率系数（NSE）指标评价数值模拟结果与试验结果的可靠性[114]。

$$\text{NSE} = 1 - \frac{\sum_{t=1}^{T}(Q_{ot} - Q_{st})^2}{\sum_{t=1}^{T}(Q_{ot} - \overline{Q_o})^2} \tag{3-5}$$

式中，Q_{ot} 为在时间 t 的试验结果；Q_{st} 为在时间 t 的模拟结果；$\overline{Q_o}$ 为试验结果的平均值。若 NSE 接近 1，表明该模型具有较高的可靠性；若 NSE 小于 0，则模型拟合质量较差。

3.3　分层土绿色屋顶水分运移过程数值模拟研究

3.3.1　模型验证和参数反解

　　采用 2020 年 10 月 2 日监测的降雨事件作为 HYDRUS-1D 软件反解模块的上边界条件，单一土层模型试验（土壤 S1 和土壤 S2）和分层土模型试验（上层为土壤 S1，下层为土壤 S2）结果用于校准模型参数。随后，模拟降雨条件下（模拟降雨强度 0.5mm/min，历时 60min）绿色屋顶模型试验结果，用于进一步验证数值模拟结果的可靠性。HYDRUS-1D 软件反解模块估算的土壤水力特性参数结果如表 3-1 所示。

HYDRUS-1D 软件反解模块估算的土壤水力特性参数　　　　表 3-1

土壤材料	$\theta_s(\mathrm{mm^3/mm^3})$	$\theta_r(\mathrm{mm^3/mm^3})$	$\alpha(10^{-2}/\mathrm{mm})$	n	$K_s(\mathrm{mm/min})$	l
土壤 S1	0.34	0.03	0.24	1.19	0.45	0.50
土壤 S2	0.38	0.08	0.93	1.23	0.35	0.50
分层土上层土壤 LS1	0.39	0.03	0.24	1.19	0.45	0.50

　　绿色屋顶土壤含水量模拟结果和试验结果比较如图 3-1 所示。整体上，绿色屋顶底部开始产生排水时间随着降雨入渗而推迟，随后累计排水量逐渐增加，并在降雨停止后趋于稳定。图 3-1(a) 表明，模型对单一土壤 S1 和 S2 的模拟结果较好，NSE 均为 0.99。如图 3-1(b) 所示，采用参数反解模块对单一土壤 S1 和 S2 估算的水力参数的模拟结果高估了分层土绿色屋顶排水量。这可能与分层土下层土壤 S2 较低的饱和导水率提高了上层土壤 LS1 的持水能力有关。通过 HYDRUS-1D 反解模块对分层土上层土壤 LS1 进行优化得到其最大含水量（$\theta_{\max}$）为 0.39mm³/mm³，能够较好地模拟绿色屋顶底部排水随时间变化（NSE＝0.99）。在 HYDRUS-1D 模型中，湿润峰以上的土壤剖面被认为是饱和土。然而，在试验过程中土壤层很难达到完全饱和[116]。已有研究在室内土工试验中观察到湿润峰以上

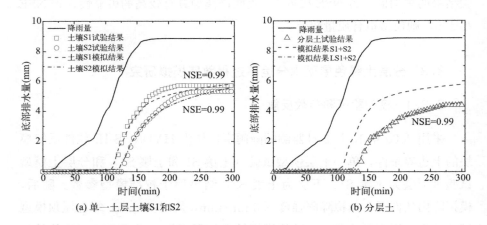

(a) 单一土层土壤S1和S2　　　　　　　(b) 分层土

图 3-1　底部排水量试验结果与模拟结果比较

土壤剖面的实际含水量为饱和含水量的 80% [117]。因此，可以假设 LS1 的 θ_{max} 值因土壤分层而提高，这与试验监测的分层土含水量高于单一土层一致。

　　为进一步验证 HYDRUS-1D 模型的可靠性，本研究采用模拟降雨试验结果对模拟结果进行验证。如图 3-2(a) 所示，单一土层土壤 S1 和 S2 的模拟结果与试验结果拟合较好，NSE 分别为 0.98 和 0.58。类似地，若采用单一土层的 S1 和 S2 的水力参数对分层土进行模拟高估了分层土的累计排水量[图 3-2(b)]。然而，采用分层土 LS1 的反演参数得到的模拟结果与试验结果吻合较好，NSE 为 0.98。结果表明采用分层土 LS1 反演的水力参数模拟分层土的水文性能可靠。

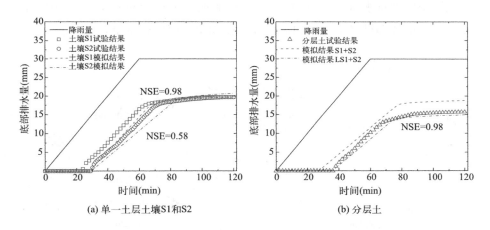

图 3-2　模拟降雨条件下底部排水量模拟结果与试验结果比较

3.3.2　分层土绿色屋顶水文过程数值模拟

　　基于上述优化和验证的土壤水力特性参数（表 3-1），采用 HYDRUS-1D 软件对分层土绿色屋顶的降雨入渗特性进行模拟。设置土壤 S1 和 S2 以及分层土 LS1 的初始含水量均为 $0.2\text{mm}^3/\text{mm}^3$。上边界条件采用大气边界，即降雨强度为 0.35mm/min，历时 90min；下边界条件设置为自由排水边界。如图 3-3（a）所示，土壤层蓄水量随着降雨进行而迅速增加，并在达到土壤层最大含水量后趋于稳定。最后在降雨停止后缓慢下降至稳定值。此外，在相同的初始含水量和降雨条件下，分层土的最大蓄水量为18.8mm。相比于单一土层土壤 S1（14mm）和 S2（18mm），分层土的最大蓄水量分别提高34%和4%。已有研究表明，土壤的持水量大致等于底部排水速率为 0.1mm/d 时对应的含水量[118]。类似地，本研究定义土壤持水量为模拟降雨后至 300min 时土壤层对应的含水量（底部排水速率几乎为零）。因此，采用单一土层 S1、S2 和分层土的绿色屋顶径流削减率分别为35%、46%和53%。值得注意的是，除了分层土的最大含水量有所提高外，三个绿色屋顶模型从最大蓄水量降低至持水量的底部排水量也有显著差异。降雨停止后，分层土绿色屋顶底部排水量最小（7%），而土壤 S2 绿色屋顶底部排水量最大（11%）。结果表明，分层土可以有效减小降雨停止后土壤底部排水量，从而提高绿色屋顶土壤层的持水量。

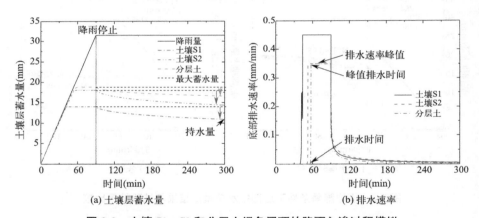

(a) 土壤层蓄水量 (b) 排水速率

图 3-3 土壤 S1、S2 和分层土绿色屋顶的降雨入渗过程模拟

如图 3-3(b) 所示，绿色屋顶土壤层的排水速率随着降雨进行迅速达到最大值，当底部排水开始后保持稳定。降雨停止后绿色屋顶的排水速率迅速下降，并逐渐趋于零。整体上，土壤 S1 的绿色屋顶排水速率峰值最高（0.45mm/min），其次是土壤 S2 和分层土绿色屋顶，二者处于同一水平（0.35mm/min）。这主要是由于分层土绿色屋顶的峰值排水速率取决于饱和导水率最低的土壤层。当降雨强度小于土壤饱和导水率时，土壤峰值排水速率取决于降雨强度；否则，峰值排水速率取决于土壤层的饱和导水率[88]。此外，与土壤 S1 和 S2 绿色屋顶相比，分层土绿色屋顶的排水时间分别推迟了 17min 和 4min。类似地，分层土绿色屋顶的峰值排水时间分别推迟了 12min 和 4min。结果表明，分层土比单一土层具有更长的排水时间和峰值排水时间延迟。

　　绿色屋顶土壤层含水量剖面图表明（图 3-4），土壤湿润峰的垂直运动随着降雨量的增加而向前推进，并在降雨停止后随着水分渗漏而减缓。在土壤 S1 绿色屋顶中，由于土壤层较高的渗透性，湿润峰随着降雨入渗而

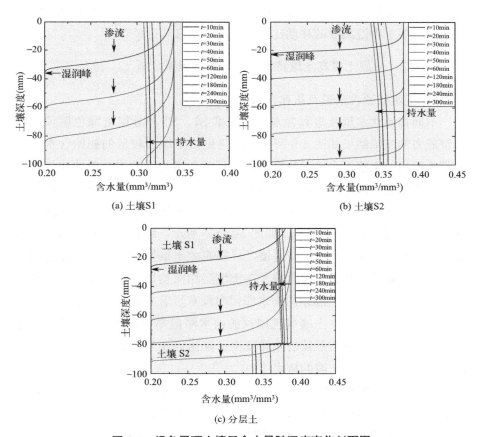

图 3-4　绿色屋顶土壤层含水量随深度变化剖面图

快速移动，土壤层含水量垂直分布曲线较陡[图 3-4(a)]；土壤 S2 绿色屋顶的湿润峰移动则相对缓慢，土壤层含水量垂直分布曲线较为平缓[图 3-4(b)]；值得注意的是，分层土的湿润峰推移类似于土壤 S2，上层土壤 LS1 的垂直含水量分布曲线变得相对平缓[图 3-4(c)]。降雨停止后，土壤层含水量从最大值逐渐下降，直至接近稳定值。总之，分层土上层土壤 LS1 在降雨停止后通过自由排水造成的底部水分渗漏小于土壤 S1 和 S2。而分层土中的水分渗漏主要发生在下层土壤。结果表明，绿色屋顶的分层土结构减缓了湿润峰的移动，并减少了降雨停止后土壤层的水分渗漏，从而引起分层土上层土壤水分的重分布，提高了上层土壤的持水量。类似地，Li 等表明，分层土中湿润峰的移动比均匀土壤中的移动更缓[45]。

3.3.3 分层土提高土壤持水能力的影响因素分析

1）土壤初始含水量及饱和含水量

不同初始含水量及饱和含水量下土壤 S1、S2 和分层土绿色屋顶雨水滞留能力的模拟结果如图 3-5 所示。绿色屋顶土壤层较低的初始含水量通常带来较高的土壤蓄水量以及排水时间延迟，因为土壤层较低的初始含水量意味着绿色屋顶降雨前较高的有效蓄水空间［3-5(a)］。此外，在相同土壤初始含水量下，分层土绿色屋顶的平均雨水滞留率分别比单一土壤 S1 和 S2 绿色屋顶高 18％和 7％。如图 3-5(b) 所示，绿色屋顶的雨水滞留量随着土壤饱和含水量的增加而递增，且较高的土壤饱和含水量对绿色屋顶底部排水时间延迟具有显著影响。在土壤层相同初始含水量及饱和含水量下，土壤 S1 和 S2 绿色屋顶的雨水滞留率没有显著差异。而分层土绿色屋顶的雨水滞留率比单一土壤绿色屋顶的雨水滞留率提高 4％。与已有研究一致，由于分层土渗透系数的差异减少了降雨停止后土壤水分的渗漏，从而提高了分层土上层土壤的持水能力[103]。

2）土壤饱和导水率

为探讨土壤不同饱和导水率对雨水滞留能力的影响，分别对分层土上层土壤 LS1 和下层土壤 LS2 不同饱和导水率下的绿色屋顶水文过程进行模拟。如图 3-6(a) 所示，当分层土上层土壤 LS1 的饱和导水率 $K_{s,LS1}$ 高于降雨强度（即 0.35mm/min），$K_{s,LS1}$ 对土壤持水能力没有显著影响。土壤较低的渗透率导致较高的地表径流和较低的雨水滞留能力[88]。对于分层土下层土壤 LS2，其饱和导水率 $K_{s,LS2}$ 对绿色屋顶的最大蓄水量和开始排水时间没有显著影响[图 3-6(b)]。然而，降雨停止后分层土的水分渗漏随着 $K_{s,LS1}$ 的增加而减少，这表明上层土壤较高的渗透性有助于改善雨水入渗，而下层土壤较低的渗透性有助于提高分层土持水能力。

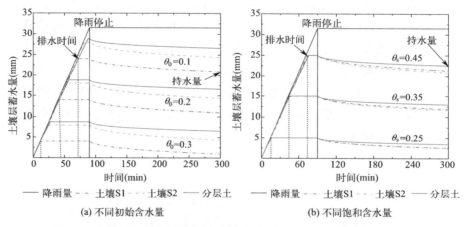

图 3-5　土壤初始含水量及饱和含水量对绿色屋顶雨水滞留能力的影响

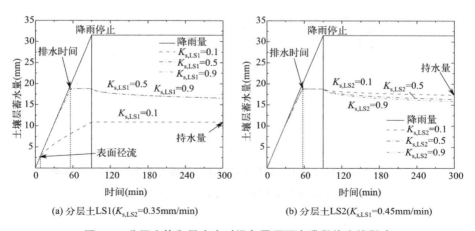

图 3-6　分层土饱和导水率对绿色屋顶雨水滞留能力的影响

3）分层土土壤层深度比

根据上述研究结果，分层土上层和下层土壤饱和含水量的增加能够有效提高土壤持水量，即饱和含水量高的土壤层深度比例越大，分层土绿色屋顶的雨水滞留能力越高。然而，本研究主要关注不同饱和导水率 K_s 下分层土深度比对雨水滞留能力的影响。分层土土壤层饱和含水量均设置为 $0.38\mathrm{mm}^3/\mathrm{mm}^3$，$K_{s,\mathrm{LS1}}$ 取 $0.45\mathrm{mm/min}$。在相同初始含水量和饱和含水量下，较低的 $K_{s,\mathrm{LS2}}$ 导致较高的持水量（图 3-7）。此外，无论 $K_{s,\mathrm{LS2}}$ 高于或低于 $K_{s,\mathrm{LS1}}$，LS1 与 LS2 的深度比为 8：2 的分层土绿色屋顶总是具有最高的持水能力。相比之下，LS1 与 LS2 深度比为 2：8 的分层土具有最低的持水量，因为分层土底部水分渗漏主要发生在分层土的下层土壤，上层土壤仍保持相对较高的持水量（图 3-8）。类似地，在降雨停止后的自由排水阶段，分层土下层土壤含水量低于上层土壤[115]。分层土的持水能力与土壤的分层数有关[103]。

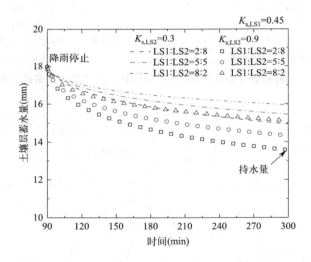

图 3-7　降雨停止后分层土比例和下层土壤渗透性对雨水滞留能力的影响

（土壤 LS1 和 LS2 饱和含水量取 $0.38\mathrm{mm}^3/\mathrm{mm}^3$）

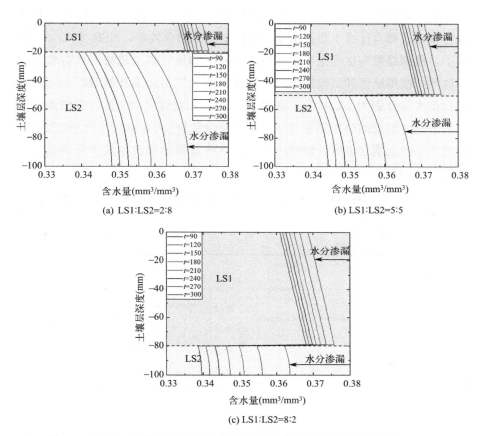

图 3-8　降雨停止后分层土不同深度比的土壤含水量剖面图
($K_{s,LS1}$ 和 $K_{s,LS2}$ 分别取 0.45mm/min 和 0.3mm/min)

3.4　暴雨条件下蓄水层绿色屋顶水文性能数值模拟分析

3.4.1　模型验证与暴雨设计

1）模型验证与参数反解

　　基于模拟降雨（降雨强度 30mm/h，历时 60min）试验监测的土壤含水量和排水数据，绿色屋顶土壤层的水力参数通过 HYDRUS-1D 软件的参数反解模块计算获得（表 3-2）。如图 3-9(a) 所示，通过参数反演得到的绿色屋顶底部累计排水量模拟结果与试验结果吻合较好，NSE 为 0.98。总体上，模拟结果与试验结果在开始排水时间和累计排水趋势上具有较好的一致性，模拟结果和试验结果的开始排水时间均为降雨开始后第 24 分钟，累计排水量分别为 20.98mm 和 19.72mm，相对误差为 6%。类似地，土壤层中部含水量的模拟结果与试验结果吻合较好[图 3-9(b)]。该模型能够较好地反映土壤含水量开始响应时间、含水量峰值和含水量下降到趋于稳定的变化趋势。

	HYDRUS-1D 反解模块估算的土壤水力特性参数				表 3-2
$\theta_s(\mathrm{mm^3/mm^3})$	$\theta_r(\mathrm{mm^3/mm^3})$	$\alpha(10^{-2}/\mathrm{mm})$	n	$K_s(\mathrm{mm/min})$	l
0.33	0.03	0.47	1.19	0.50	0.50

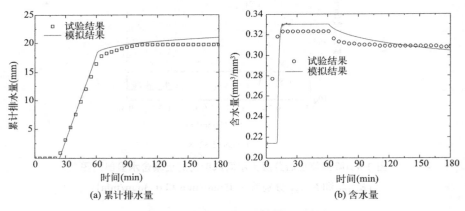

(a) 累计排水量　　　　　(b) 含水量

图 3-9　模拟结果与试验结果比较

为验证数值模型的可靠性，选取绿色屋顶蓄水层深度分别为 0（WSL-0）和 25mm（WSL-25）的模拟降雨试验结果（降雨强度 30mm/h，历时 100min）进行进一步验证。如图 3-10(a) 和图 3-10(b) 所示，两个蓄水层绿色屋顶累计排水量模拟结果与试验结果的相对误差分别为 3% 和 0.4%。如图 3-10(c) 和图 3-10(d) 所示，两个蓄水层绿色屋顶模型土壤含水量模拟结果与试验结果拟合较好，NSE 分别为 0.96 和 0.98。因此，基于

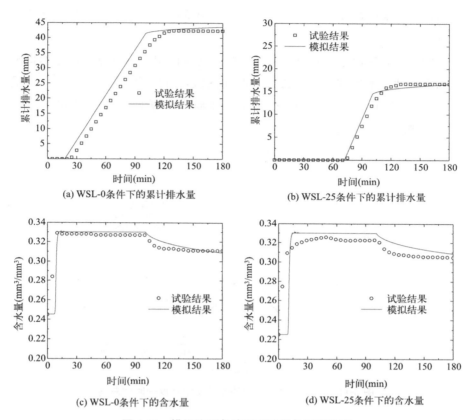

(a) WSL-0条件下的累计排水量　　　　(b) WSL-25条件下的累计排水量

(c) WSL-0条件下的含水量　　　　(d) WSL-25条件下的含水量

图 3-10　模拟降雨条件下不同绿色屋顶模型
累计排水量和含水量模拟结果与试验结果比较

HYDRUS-1D 软件的参数反解模块估算的土壤水力参数能够较好地模拟绿色屋顶的水文过程。

2）暴雨设计

为模拟不同暴雨条件下带蓄水层的绿色屋顶水文性能，设计华南地区 1 年、5 年、10 年和 20 年暴雨重现期的降雨类型作为模型的上边界条件输入。暴雨强度设计采用如下公式计算：

$$I = \frac{32.287 + 18.194 \lg P}{(t + 18.880)^{0.851}} \tag{3-6}$$

式中，I 为降雨强度（mm/min）；P 为暴雨重现期（年）；t 为降雨持续时间（min）。

此外，为模拟绿色屋顶对雨水的峰值削减作用，本研究采用芝加哥雨型确定设计暴雨事件的降雨强度—时间曲线，峰值比 r 取 $0.4^{[119-120]}$。最后，用于 HYDRUS-1D 软件上边界条件输入的暴雨强度—时间曲线如图 3-11 所示。

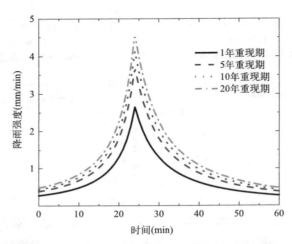

图 3-11 不同暴雨重现期的设计暴雨强度—时间曲线

3.4.2 参数敏感性分析

在绿色屋顶主要参数（初始含水量 θ_0、饱和含水量 θ_s、饱和导水率 K_s、土壤深度 S_d、蓄水层深度 W_s 和降雨强度）的敏感性分析中，假设其中一个参数增加 50%，而其他参数保持不变$^{[121]}$。如图 3-12 所示，在模拟降雨条件下（降雨强度 30mm/h，历时 100min），绿色屋顶（$\theta_0 = 0.2\mathrm{mm}^3/\mathrm{mm}^3$，$\theta_s = 0.32\mathrm{mm}^3/\mathrm{mm}^3$，$K_s = 0.5\mathrm{mm/min}$，$S_d = 100\mathrm{mm}$，$W_s = 25\mathrm{mm}$）开始产生排水时间为 77min，雨水滞留率为 72%。在参数敏感性分析中，土壤饱和含水量对绿色屋顶雨水滞留率的影响最大，绿色屋顶雨水滞留的增长率超过 40%，并在降雨过程中没有产生底部排水；其次是蓄水层深度，其对绿色屋顶雨水滞留率和开始排水时间的影响分别为提高 35％和延迟 39％；此外，初始含水量和土壤深度对绿色屋顶雨水滞留率的影响分别为降低 28％和增加 17％[图 3-12(a)]。而降雨强度和饱和导水率对绿色屋顶雨水滞留影响较小。应该指出的是，饱和导水率的变化使绿色屋顶开始产生排水时间提前 27％。初始含水量和土壤深度分别使绿色屋顶开始产生排水时间提前 26％和推迟 14％[图 3-12(b)]。已有研究表明，土壤初始含水量、饱和导水率和土壤深度是影响绿色屋顶雨水滞留的关键参数[121]。当降雨强度高于土壤饱和导水率时，绿色屋顶开始产生排水时间取决于土壤饱和导水率[120]。因此，土壤饱和含水量变化对绿色屋顶雨水滞留和产生排水时间影响最大。除了提高土壤饱和含水量外，增加蓄水层深度远比增加土壤深度更能有效地提高绿色屋顶雨水滞留率和延迟排水时间。

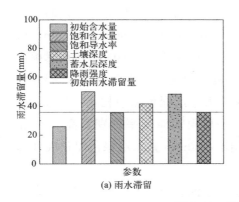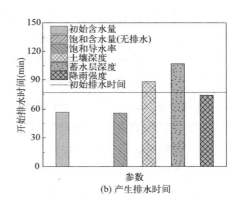

图 3-12　参数敏感性分析

3.4.3　蓄水层和表面积水入渗对雨水滞留的影响

1）蓄水层深度对雨水滞留的影响

采用芝加哥暴雨公式设计了华南地区不同重现期的暴雨作为数值模型上边界条件输入，设计暴雨持续时间为 60min，设计暴雨重现期 1 年、5 年、10 年和 20 年的累计降雨量分别为 47mm、66mm、74mm 和 82mm。通常，在绿色屋顶开始产生排水后，绿色屋顶底部累计排水量呈线性增加

（图 3-13）。降雨停止后，绿色屋顶底部累计排水量持续增加，达到最大累计排水量后趋于稳定。对于没有蓄水层的绿色屋顶，累计排水量随着累计降雨量的增加而递增，即随着暴雨重现期的增加而增加［图 3-13（a）］。绿色屋顶在 1 年、5 年、10 年和 20 年暴雨重现期下的雨水滞留率分别为 19％、17％、15％和 14％。由于设计暴雨强度高于土壤饱和导水率，在数值模型中允许土壤表面积水入渗并不直接产生表面径流（即设置土壤表面最大积水深度为 50mm）。因此，绿色屋顶底部排水速率取决于不同重现期暴雨下土壤的饱和导水率［图 3-13（b）］，这也表明在不同暴雨重现期下绿色屋顶开始产生排水时间是一致的（即 25min）。降雨停止后，随着暴雨重现期的增加，绿色屋顶底部排水峰值时间分别推迟 39min、70min、87min 和 101min，这表明绿色屋顶允许表面积水入渗可以有效削减排水峰值和推迟排水峰值时间。

如图 3-13（c）所示，不同暴雨重现期下 25mm 蓄水层绿色屋顶的雨水滞留率分别为 72％、55％、49％和 45％。开始产生排水时间为 75min，这比没有蓄水层的绿色屋顶的排水时间推迟 50min［图 3-13（d）］。不同暴雨重现期下 50mm 蓄水层绿色屋顶的雨水滞留率分别为 100％、93％、83％和 76％［图 3-13（e）］。与 25mm 蓄水层和无蓄水层绿色屋顶相比，50mm 蓄水层绿色屋顶在不同暴雨重现期下的平均雨水滞留率分别提高 33％和 71％。类似地，与无蓄水层绿色屋顶相比，50mm 蓄水层绿色屋顶底部排水时间推迟 100min［图 3-13（f）］。

在暴雨条件下，降雨强度通常高于土壤饱和导水率，从而产生地表径流和积水入渗。绿色屋顶的雨水滞留率可能会随着降雨强度的增加而降低，由于暴雨下地表径流增加从而减小了绿色屋顶的入渗量[47]。当允许土壤表面积水入渗时，由于入渗率取决于土壤饱和导水率，不同暴雨条件下绿色屋顶开始产生排水时间基本一致。此外，由于增加蓄水层提供了绿色屋顶的额外蓄水空间，绿色屋顶的累计排水量显著减小，排水时间得到推迟，这一结果也与已有研究结果一致[34,91,122]。已有研究表明，暴雨条件下绿色屋顶蓄水层深度从 0 增加到 40mm，径流量从 50mm 减小到 10mm[91]。

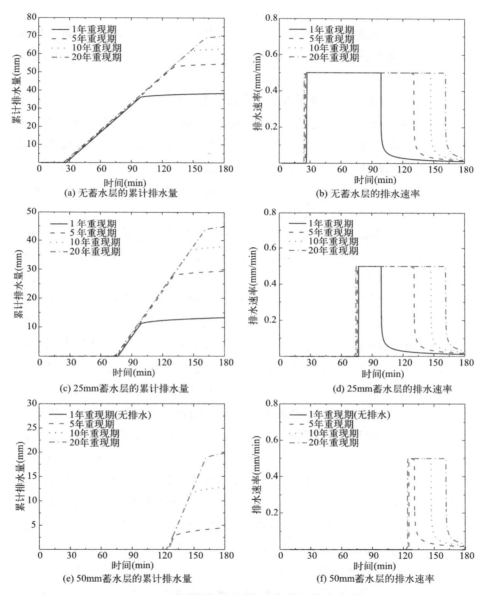

图 3-13 不同蓄水层深度下绿色屋顶的水文过程

随着蓄水层深度的增加，绿色屋顶植被层水分胁迫天数和总灌溉量得到降低[34]。不排水绿色屋顶系统比排水绿色屋顶系统的雨水滞留率高[122]。在华南地区，按照绿色屋顶雨水滞留率不低于70%的径流控制率目标，增加50mm底部蓄水层（100mm土壤深度）是提高绿色屋顶雨水滞留率的有效方法。

2）土壤表面最大蓄水深度对雨水滞留的影响

如图3-14所示，绿色屋顶的累计排水量和地表径流量随着降雨持续逐渐增加并在降雨停止后逐渐趋于稳定。在暴雨条件下绿色屋顶底部累计排水上升阶段的曲线远低于累计表面径流曲线。这主要与表面径流速率远高于底层排水速率有关。此外，表面径流量随着暴雨重现期的增加而显著提高，而累计排水量没有显著差异（变化量小于5mm）。如图3-14(a)所示，不同暴雨重现期的累计表面径流量分别比底部排水量高10mm、22mm、29mm和35mm。然而，由于暴雨下较大的表面径流，绿色屋顶通过增加25mm底部蓄水层平均仅增加了15mm的雨水滞留量。随着土壤表面最大蓄水深度增加到10mm和20mm，绿色屋顶底部平均排水量分别增加到28mm和38mm[图3-14(c)、图3-14(e)]。随着土壤表面最大蓄水深度的增加，绿色屋顶表面径流量逐渐减小，甚至低于底层排水量。结果表明，在暴雨条件下，绿色屋顶土壤表面径流量可能远大于底部排水量，通过增加底部蓄水层提高雨水滞留量的有效性受土壤表面最大蓄水深度的影响。

在土壤表面设置为表面径流条件下，不同暴雨重现期的绿色屋顶开始产生表面径流时间早于底部排水时间，表面径流时间比底部排水时间分别提前约5min和30min[图3-14(b)]。不同暴雨重现期的表面径流峰值分别减小19%、13%、12%和6%，而底部排水峰值处于恒定的较低水平，排水峰值分别降低81%、86%、88%和89%。当允许土壤表面最大蓄水深度为10mm时，绿色屋顶表面径流峰值分别减小22%、15%、14%和12%[图3-14(d)]，表面径流时间推迟约22min。随着土壤表面最大蓄水深度增加到20mm，绿色屋顶表面径流峰值显著降低，表面径流开始时间平均推迟27min。在暴雨条件下，由于土壤表面径流速率远大于土壤入渗速率，这可能导致在绿色屋顶底部增加的额外蓄水层并不起作用。已有研究表明，绿色屋顶土壤层达到饱和后将直接产生表面径流，这取决于降雨强度

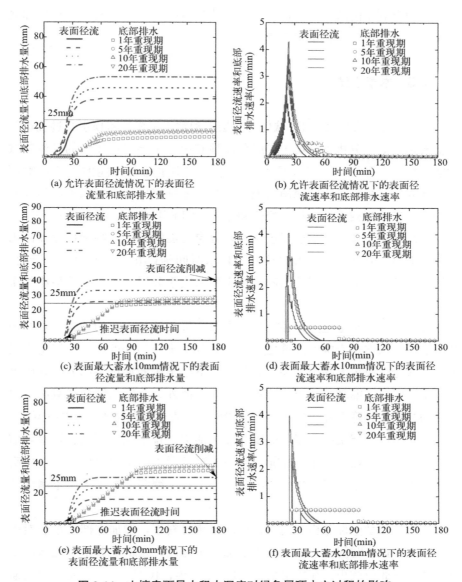

图 3-14　土壤表面最大积水深度对绿色屋顶水文过程的影响

和历时[109]。在 120mm/h 降雨强度下，土壤表面径流量占总降雨量的 79%[123]。因此，增加土壤表面最大蓄水深度能够有效减小土壤表面径流量，从而有利于削减径流峰值、推迟峰值排水时间，并有利于通过增加底部蓄水层提高绿色屋顶雨水滞留率。

3.5　本章小结

本章基于 HYDRUS-1D 软件对分层土和蓄水层绿色屋顶水文过程进行数值模拟，对比分析了分层土壤绿色屋顶和单一土层绿色屋顶的径流削减性能，探讨了分层土绿色屋顶的水文过程和雨水滞留性能的主要影响因素。此外，还分析了不同暴雨重现期下绿色屋顶底层蓄水层和表层最大蓄水深度对径流削减性能、径流峰值和排水时间的影响。主要结论如下。

（1）相比于单一土壤层绿色屋顶，分层土能够显著提高绿色屋顶的雨水滞留能力，并获得更大峰值削减、排水时间延迟和排水峰值时间延迟。分层土绿色屋顶对排水峰值的削减率主要取决于分层土中渗透性最小的土壤层。

（2）对分层土绿色屋顶径流削减率影响最大的是土壤初始含水量及饱和含水量，其次是土壤的渗透性，最后是分层土壤的深度比。分层土上层土壤的渗透性决定了降雨入渗，而分层土下层土壤的渗透性越低，降雨停止后土壤水分渗漏越少，土壤持水量越高。此外，分层土结构还减缓了湿润峰的移动，且降雨停止后土壤水分渗漏主要发生在分层土的下层土壤。

（3）考虑分层土绿色屋顶的雨水滞留能力、排水峰值削减、排水峰值时间和排水时间延迟等水文性能，分层土绿色屋顶的结构建议为由上层高渗透性土壤和下层低渗透性土壤组成，且上层土壤深度高于下层土壤深度为宜。

（4）参数敏感性分析表明，在相同土壤材料下，增加底部蓄水层对雨水滞留率和排水时间的影响远大于增加土壤深度，且增加蓄水层比增加土壤深度的屋面荷载小。在华南地区，1 年、5 年、10 年和 20 年暴雨重现期下，增加 50mm 蓄水层可使绿色屋顶的雨水滞留率分别提高 100％、93％、83％和 76％。底部蓄水层能够有效推迟绿色屋顶开始产生排水时间，与没有底部蓄水层的绿色屋顶相比，25mm 和 50mm 蓄水层绿色屋顶分别推迟排水时间约 50min 和 100min。

（5）在暴雨条件下，绿色屋顶土壤表面径流量远大于底部排水量，通过增加底部蓄水层提高雨水滞留量的有效性受土壤表面最大蓄水深度的影响。由于暴雨条件下更大的表面径流，绿色屋顶通过增加 25mm 底部蓄水层平均仅增加 15mm 雨水滞留量。随着土壤表面最大蓄水深度增加到 10mm 和 20mm，绿色屋顶底部平均排水量分别增加 28mm 和 38mm。

（6）暴雨条件下允许土壤表面积水入渗可以有效削减峰值径流，推迟表面径流时间。当土壤表面最大蓄水深度为 10mm 时，不同暴雨重现期下绿色屋顶表面径流峰值分别削减 22％、15％、14％和 12％，表面径流时间推迟约 22min。

第 4 章　绿色屋顶水量平衡模型及其应用

4.1　概述

随着城镇化的快速发展，城市雨水管理和环境污染问题成为城市绿色发展新的挑战。在城市建设中，更多的不透水表面替代了原本植被覆盖的自然渗透面，导致城市降雨入渗能力下降，在极端暴雨条件下极易引发城市洪涝灾害。绿色屋顶被认为是海绵城市建设和缓解城市生态环境问题的有效措施。我国大部分城市中心的屋顶、道路、广场等城市不透水面占比超过 70%[124]。这使得在有限的城市土地空间建设更多海绵设施变得十分困难，然而，建筑屋顶具有分散布局特点，且其面积占比较大，具有较大开发潜力[13]。

已有研究表明，绿色屋顶在单次降雨时的径流削减率介于 0～100%。通常，绿色屋顶在降雨量小于 10mm 降雨事件下径流削减率可高达 100%[33,125]。在连续降雨条件下，绿色屋顶由于几乎没有有效蓄水空间而丧失径流削减能力[33]。然而，衡量海绵城市径流削减能力的重要指标通常是年累计径流削减率，而不是单次降雨事件或所有降雨事件径流削减率的平均值。在纽约为期 21 个月的监测中，粗放型绿色屋顶的累计径流削减率为 56%，而所有降雨事件的平均径流削减率为 85%[126]。总之，绿色屋顶的累计径流削减率主要取决于绿色屋顶的结构配置、降雨分布和蒸散发条件。降雨前的蒸散发速率和有效蓄水能力决定了绿色屋顶在长期降雨和蒸散发条件下的径流削减能力。

在绿色屋顶水文特性模拟分析过程中，已有研究主要包括经验模型、概念模型和机理模型[91,121,127]。经验模型主要是基于对已有监测数据的分析，建立描述降雨与径流之间的经验公式[92]；理论模型主要是基于 Richards 方程的非饱和土壤水动力学理论[71]；SWMS-2D 和 HYDRUS-1D 机理模型通常被用于模拟绿色屋顶系统中单次降雨径流事件的降雨—径流过程[75]。SWMM 软件基于水量平衡的概念模型与机理模型耦合用于模拟降雨条件下绿色屋顶的水文性能[78]。

在已有研究中，机理模型和经验模型所需的参数难以获得或需要原位测量，给模型应用带来困难。且这些模型没有考虑土壤有效含水量对绿色屋顶蒸散发的影响，也没有考虑蓄水层对上层土壤补给的影响。通过对已有研究的回顾和分析，模拟绿色屋顶长期干湿交替下的水文模型缺乏对蓄水层和土壤层有效水分的考虑。因此，有必要开发蓄水层和土壤层耦合的简单水文模型，用于特定气候条件下绿色屋顶结构配置设计和灌溉管理。

本章内容旨在开发和验证一种仅需要气象数据作为输入的绿色屋顶水文性能动态模拟模型。综合考虑绿色屋顶蓄水层对上层土壤水分补给和土壤有效含水量对蒸散发速率的影响，开发一种简化的绿色屋顶水量平衡概念模型，并通过 Visual Basic 软件开发绿色屋顶水量平衡简化模型计算程序和操作界面，用于计算绿色屋顶在长期降雨和蒸散发条件下的径流削减量和含水量的变化，并讨论长期干湿交替下气候条件和结构配置参数对绿色屋顶水文性能的影响。该研究对动态模拟绿色屋顶的水文性能、绿色屋顶结构配置参数设计和灌溉管理具有一定的理论价值和现实意义。

4.2　绿色屋顶水量平衡模型及计算程序

4.2.1　绿色屋顶水量平衡方程

如图 4-1 所示，绿色屋顶土壤层的水分输入包括降雨和蓄水层的水分补给，而水分输出主要包括土壤和植被的蒸散发与底部排水。绿色屋顶土壤层的水文过程和蓄水量变化可以用如下水量平衡方程来描述[34]：

$$\frac{\mathrm{d}S}{\mathrm{d}t} = P + E - \mathrm{ET} - S_{\mathrm{bottom}} \tag{4-1}$$

式中，S 为土壤蓄水量（mm）；t 为时间（d）；P 为降雨量（mm/d）；E 为蓄水层水面蒸发量（mm/d）；ET 为土壤和植被层蒸散发速率（mm/d）；

S_{bottom} 为土壤层底部排水速率（mm/d）。

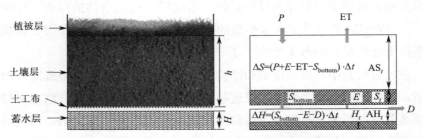

图 4-1 带蓄水层的绿色屋顶结构配置与绿色屋顶水量平衡原理示意图

对于绿色屋顶蓄水层的水量平衡，水分输入主要为土壤层底部排水量，水分输出包括水分蒸发和溢流排水量。因此，绿色屋顶蓄水层的水量平衡可采用如下方程进行描述[121]：

$$\frac{dH}{dt} = S_{bottom} - E - D \tag{4-2}$$

式中，H 为绿色屋顶蓄水层的蓄水量（mm）；D 为蓄水层饱和后的溢流排水速率（mm/d）。

4.2.2 绿色屋顶蒸散发估算模型

绿色屋顶参考植被的蒸散发速率（ET_0）采用联合国粮食及农业组织（FAO）推荐的 Penman-Monteith 方程进行估算[128]。方程式(4-3)中的气象参数（气温、蒸汽压、太阳辐射和风速等）可以通过气象站观测获得。随后，根据计算的 ET_0 进一步估算绿色屋顶的实际蒸散发速率（AET）。

$$ET_0 = \frac{0.408\Delta(R_n - G) + \gamma\dfrac{900}{T+273}u_2(e_s - e_a)}{\Delta + \gamma(1 + 0.34u_2)} \tag{4-3}$$

式中，ET_0 为参考植被蒸散发速率（mm/d）；R_n 为植被表面净辐射量（MJ·m^{-2}/d）；G 为土壤热通量（MJ·m^{-2}/d）；T 为 2m 高度的日平均气温（℃）；u_2 表示 2m 高度的风速（m/s）；e_s 为饱和蒸汽压（kPa）；e_a 为实际水汽压（kPa）；Δ 为蒸汽压曲线斜率（kPa/℃）；γ 为湿度常数（kPa/℃）。

在植被系数法中，绿色屋顶的实际蒸散发速率 AET 可以通过将土壤—植被系数（K_{sc}）乘以参考植被蒸散发速率 ET_0 来计算[129]：

$$AET = K_{sc} ET_0 \tag{4-4}$$

通常，土壤的有效水分对绿色屋顶蒸散发速率的影响不容忽视。本研究采用 Zhao 等[130] 提出的土壤水分系数（k_s）对绿色屋顶实际蒸散发速率 AET 进行估算。因此，方程式（4-4）可以改为如下方程式：

$$AET = \frac{\theta_{t-1}}{\theta_{max}} K_c ET_0 \tag{4-5}$$

式中，K_c 为植被系数；θ_{t-1} 为土壤含水量（mm^3/mm^3）；θ_{max} 为土壤最大含水量（mm^3/mm^3）。

4.2.3 绿色屋顶水量平衡模型

绿色屋顶水量平衡概念模型与蒸散发模型耦合，可实现对绿色屋顶长期水分动态变化的模拟。土壤层的有效蓄水量（AS）取决于土壤含水量和土壤深度。假设土壤层每天的含水量均匀分布，则土壤有效蓄水量可以表示如下：

$$AS_t = (\theta_{max} - \theta_{t-1})h \tag{4-6}$$

式中，AS 为绿色屋顶土壤层有效蓄水量（mm）；h 为土壤层深度（mm）。

在降雨前的干旱期，水量平衡模型可以模拟由灌溉引起的土壤水分变化和植被覆盖下土壤层的蒸散发速率。土壤层水分通过植被和土壤层蒸散发降低，促使蓄水层水分向上补给土壤层水分，进而消耗蓄水层水分[33]。Luo 等[131] 表明，蓄水层水分对上层土壤水分补给的蒸发速率可近似等于土壤表面的蒸散发速率。在本研究中，前期试验表明了蓄水层对浅层土壤的水分补给与表面蒸散发量的水量平衡，并在蓄水层水分补给下土壤层含水量始终保持在较高水平（θ_{max}），因此，简化的概念模型将蓄水层潜水蒸发速率近似等于土壤和植被表面蒸散发速率。则蓄水层的有效蓄水深度可以采用如下方程式来表示：

$$AH_t = H - H_{t-1} \tag{4-7}$$

式中，AH 为蓄水层的有效蓄水深度（mm）；H 为蓄水层的最大蓄水深度

（mm）；H_{t-1} 为时间 $t-1$ 时刻的蓄水深度（mm）。

由方程式(4-1)和式(4-2)可知，绿色屋顶在 t 时刻的累计蓄水深度（S_t）可采用如下方程式表示：

$$S_t = S_{t-1} + P_t - \text{AET}_t \tag{4-8}$$

基于上述方程式，绿色屋顶的蓄水深度（S_t）和实际蒸散发速率（AET_t）可在每个时间步长下计算如下：

$$\begin{cases} S_t = P_t, \text{AS}_{t-1} \geqslant P_t \\ S_t = \text{AS}_{t-1}, \text{AS}_{t-1} < P_t \end{cases} \tag{4-9}$$

$$\begin{cases} \text{AET}_t = K_c \text{ET}_0, H_{t-1} \geqslant 0 \\ \text{AET}_t = \dfrac{S_{t-1}}{S_{\max}} K_c \text{ET}_0, H_{t-1} < 0 \end{cases} \tag{4-10}$$

4.2.4 水量平衡模型参数确定及计算程序开发

1）蒸散发速率和降雨参数确定

在水量平衡模型中，主要的输入参数包括降雨量以及通过气象数据估算的蒸散发速率 ET_0（图 4-2）。通过分析华南地区的气象数据发现，该区域雨季为每年的 4~10 月，累计降雨量约占全年降雨量（1483mm）的 90%。夏季（即每年的 6~8 月）降雨量占全年总降雨量的 67%。枯水期为每年的 11 月至次年 3 月，此期间的累计降雨量不足全年降雨量的 10%。在本研究中，试验期间监测的年有效降雨量为 58 天。在夏季，平均每月有效降雨时间为 10 天，平均降雨间隔为 2 天。然而，冬季仅发生了一次有效降雨。通过式(4-3)估算监测期间的蒸散发速率 ET_0 如图 4-2 所示。试验期间的月平均 ET_0 在 1.49~3.76mm/d，年平均 ET_0 为 2.42mm/d。其中，夏季 ET_0 最高，平均值为 3.43mm/d；冬季 ET_0 最低，平均值为 1.78mm/d。总体而言，年累计蒸散发量为 882mm，低于年累计降雨量（1483mm）。类似地，Viola 等[132] 指出，绿色屋顶的平均蒸散发速率为 1.73~2.10mm/d。Talebi 等[51] 得到绿色屋顶的日平均蒸散发速率为 1.2mm/d。此外，基于 2020 年 10 月 16 日至 11 月 15 日监测的麦冬草实际蒸散发速率（AET）和含水量变化关系用于校准植被系数 K_c，由式(4-5)

对麦冬草的试验结果进行线性拟合可得到植被系数 K_c 为 1.4[133]。该植被系数类似于 Hakimdavar 等[77] 基于美国宾夕法尼亚州一个绿色屋顶试验监测两年的平均蒸散发速率所获得的植被系数 K_c（即 1.35）。

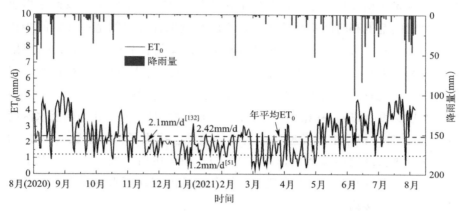

图 4-2　试验期间的年降雨量和 Penman-Monteith 方程计算的 ET$_0$ 数据

2）雨水滞留量和含水量计算步骤

由式(4-6)可知，以土壤层深度（h）和最大含水量（$\theta_{\max}$）为输入，可以计算出土壤层的蓄水能力。对带有蓄水层的绿色屋顶还需要以蓄水层最大蓄水深度（H）以及试验获得的初始条件（即初始含水量 θ_0 和初始蓄水深度 H_0）作为输入进行计算。通过式(4-5)，以绿色屋顶的潜在蒸散发速率 ET$_0$ 为输入可对 t_1 时刻的实际蒸散发速率（AET$_1$）进行估算。随后，绿色屋顶土壤和蓄水层的蓄水能力可通过式(4-6)和式(4-7)获得。雨水滞留量和含水量动态变化计算流程如图 4-3 所示。根据式(4-9)，若 $P_t > \mathrm{AS}_{t-1}$ 且 $P_t \leqslant \mathrm{AS}_{t-1} + \mathrm{AH}_{t-1}$，则 $\theta_t = \theta_{\max}$，$H_t = H_{t-1} + P_t - \mathrm{AS}_{t-1}$，$S_t = P_t$；若 $P_t > \mathrm{AS}_{t-1} + \mathrm{AH}_{t-1}$，则 $\theta_t = \theta_{\max}$，$H_t = H$，$S_t = \mathrm{AS}_{t-1} + \mathrm{AH}_{t-1}$；若 $P_t \leqslant \mathrm{AS}_{t-1}$，则 $\theta_t = \theta_{t-1} + P_t$，$H_t = H_{t-1} - \mathrm{AET}_t$，$S_t = P_t$。应该指出的是，在计算含水量变化时，降雨量 P_t 被认为是实际降雨量和灌溉量（I_t）的总和，但在计算雨水径流削减率时不计入灌溉量。

3）水量平衡模型计算程序开发

如图 4-3 所示，绿色屋顶的含水量和雨水滞留量可以通过迭代法进行计算。随后，可根据特定气候条件下的降雨和蒸散发数据输入，设计满足特定雨水滞留目标的绿色屋顶结构配置参数。本研究通过 Visual Basic 开发了一个绿色屋顶结构配置参数优化设计计算程序，用于求解所提出的绿色屋顶水量平衡简化模型。该程序的用户界面如图 4-4 所示。该程序提供了计算时间范围和时间步长的选择，本研究选取计算时间范围和时间步长分别为 1 年和 1 天。输入参数包括降雨量、灌溉量和 ET_0，其中 ET_0 可以选择日平均 ET_0、月平均 ET_0、季平均 ET_0 或年平均 ET_0 进行计算。绿色屋顶结构配置参数的输入包括土壤深度（h）、土壤最大含水量（θ_{max}）和蓄水层深度（H）。初始条件设置包括初始含水量（θ_0）和初始蓄水深度（H_0）。此外，根据植被类型和覆盖度的差异，提供了植被系数（K_c）的输入选择来校准实际蒸散发速率（AET）。输出包括土壤含水量、雨水滞留量、蓄水深度和实际蒸散发速率。绿色屋顶的累计雨水保留率作为最终结果在窗口直接输出。

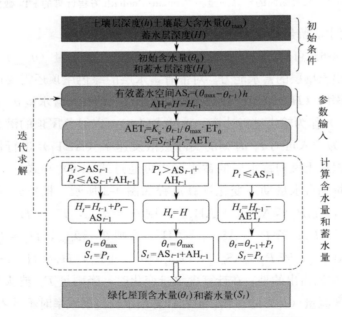

图 4-3　绿色屋顶水量平衡简化模型计算流程图

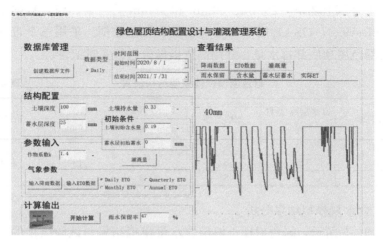

图 4-4　基于 Visual Basic 开发的计算程序界面

4.3　水量平衡模型验证及气候条件影响分析

4.3.1　模拟结果与试验结果对比分析

三个绿色屋顶模型试验（即 GR1、GR2 和 GR3）监测数据用于验证水量平衡模型的可靠性（2020 年 8 月至 2021 年 7 月）。绿色屋顶模型尺寸为 1000mm×1000mm，底部由 25mm 塑料网格支撑。土壤 S1 是常用的绿色屋顶土壤，由耕植土、泥炭和细砂按 1∶1∶1 的比例组成[134]。土壤 S2 填充两层分层土壤以提高绿色屋顶土壤层的持水能力[75]。土壤 S1 和 S2 的最大含水量（θ_{max}）分别为 0.33mm³/mm³ 和 0.36mm³/mm³。所有试验模型的土壤深度为 100mm，并种植麦冬草覆盖。其中，GR1 为无蓄水层的绿色屋顶模型，GR2 和 GR3 底部蓄水层深度为 25mm。三个绿色屋顶模型的结构配置如表 4-1 所示。绿色屋顶模型隔离墙比土壤表面高约 50mm，以允许土壤地表积水入渗。排水管安装在试验模型的排水层底部（GR1）和蓄水层顶部（GR2 和 GR3）。微型气象站（ATMOS-41，Meter Devices，USA）安装在距离试验平台约 50m 处，用于监测气温、风速、蒸气压、太阳辐射和降雨量数据。含水量传感器（5TE，Meter Devices，USA）安装在土层中（从上至下）20mm、50mm 和 80mm 的位置。ZL6 数据采集仪（Meter Devices，USA）用于收集含水量和气象数据。采用三个带刻度水箱收集绿色屋顶底部排水量，并用高清摄像机进行实时记录。

绿色屋顶试验模型结构配置　　　　　　　　　　　　表 4-1

试验模型	蓄水层深度 H （mm）	土壤类型	持水量 θ_{max} （mm^3/mm^3）	土壤深度 h （mm）	植被类型
GR1	0	S1	0.33		
GR2	25	S2	0.36	100	麦冬草
GR3	25	S1	0.33		

1）含水量模拟结果分析

如图 4-5 所示，绿色屋顶土壤层含水量模拟结果与试验结果的变化趋势基本一致。模拟结果能够较好地反映土壤层含水量随降雨和干旱期蒸散发的变化规律。绿色屋顶模拟结果与试验结果的纳什系数 NSE 分别为0.46、0.78 和 0.71。其中，绿色屋顶模型 GR1 的纳什系数 NSE＜0.5，这可能与水量平衡模型高估了绿色屋顶的最大含水量有关[图 4-5(a)]。然而，三个试验模型的平均纳什系数 NSE 为 0.65。特别是对于具有蓄水层的绿色屋顶模型，纳什系数 NSE＞0.7[图 4-5(b)和图 4-5(c)]。已有研究表明，NSE＞0.5 的模型在模拟绿色屋顶径流方面表现出令人满意的性能[77]。类似地，已有研究通过 24 小时降雨事件验证绿色屋顶 SWMM 和HYDRUS-1D 模型，得到绿色屋顶模拟结果的平均纳什系数为 0.65[135]。此外，该模型可以有效地反映绿色屋顶蓄水层水分补给引起的土壤层含水量峰值的保持过程[图 4-5(b)、图 4-5(c)]。这意味着水量平衡模型能够准确地模拟绿色屋顶含水量的动态变化，为绿色屋顶的灌溉时间和灌溉定额提供参考。

2）绿色屋顶径流削减性能模拟结果分析

如图 4-6 所示，绿色屋顶的累计雨水滞留量随着累计降雨量的增加而递增。在年累计降雨量为 1483mm 的试验中，绿色屋顶模型 GR1、GR2 和GR3 监测的雨水滞留量分别为 523mm、741mm 和 728mm，年径流削减率分别为 35%、50% 和 49%。应该指出的是，三组绿色屋顶模型试验的累计

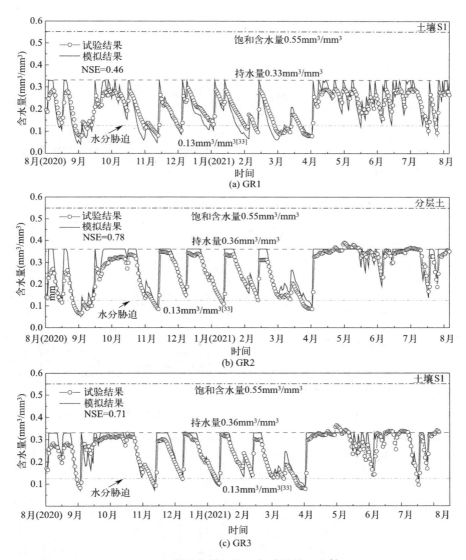

图 4-5　含水量模拟结果与试验结果比较

降雨量和雨水滞留曲线在冬季（即 12 月、1 月和 2 月）几乎是平行的，这意味着绿色屋顶在华南地区的冬季年雨水滞留率可达 100％。将雨水滞留量模拟结果与试验结果进行比较表明，三组绿色屋顶模型的年径流削减误

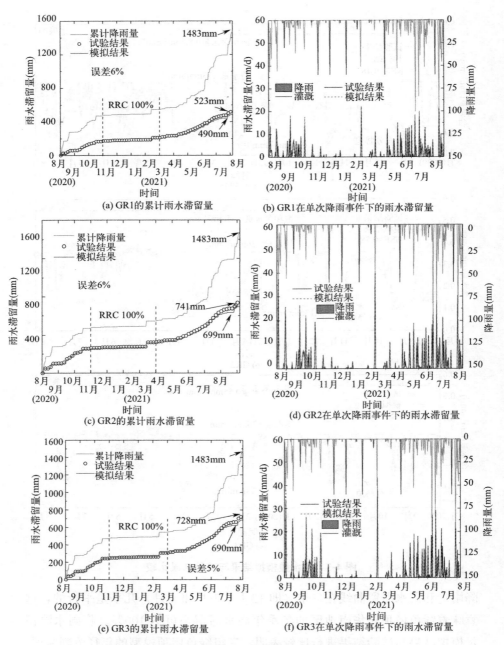

(a) GR1的累计雨水滞留量

(b) GR1在单次降雨事件下的雨水滞留量

(c) GR2的累计雨水滞留量

(d) GR2在单次降雨事件下的雨水滞留量

(e) GR3的累计雨水滞留量

(f) GR3在单次降雨事件下的雨水滞留量

图 4-6　绿色屋顶雨水滞留量模拟结果与试验结果对比

差分别为 6%、6% 和 5%。总的来说，模拟结果平均低估了绿色屋顶的年雨水削减量 38mm，相当于平均低估了绿色屋顶 3% 的年径流削减率。通过不同时间步长的 SWMM 模型模拟绿色屋顶的径流削减百分比误差为 ±25%[77]。类似地，一个绿色屋顶水文概念模型模拟的绿色屋顶径流平均百分比误差为 1.9%，而选择机理模型模拟绿色屋顶径流的百分比误差为 9.3%[136]。在本研究中，简化的水量平衡概念模型模拟结果与绿色屋顶雨水滞留率试验结果的平均误差为 6%，该模型能够有效模拟绿色屋顶的径流削减率和不同降雨条件下的雨水滞留量。

水量平衡简化模型假设绿色屋顶蓄水量达到饱和后不再滞留更多雨水。然而，这种雨水滞留误差主要发生在强降雨事件期间，模拟结果低估了绿色屋顶的雨水滞留量。造成这种模拟结果误差的可能原因是绿色屋顶在暴雨下形成土壤表面短暂积水，增加了暴雨期间的雨水滞留能力[137]。已有研究表明，绿色屋顶模拟径流误差随着降雨量的增加而递增[77]。由于暴雨引起的表面积水入渗增加了绿色屋顶径流削减能力[54]。此外，水量平衡简化模型所需计算参数为气象站常规气象数据（包括降雨和计算 ET_0 所需的气温、蒸气压、风速和太阳辐射等）。因此，该模型参数容易获得，且模拟结果误差在可靠范围，可以为绿色屋顶结构参数的设计提供参考。

4.3.2　年降雨分布对径流削减性能的影响

在本研究中，主要模拟了夏季多雨型、冬季多雨型和常年多雨型三种不同降雨分布类型下绿色屋顶的径流削减性能（图 4-7）。其中，本研究试验期间（即 2020 年 8 月至 2021 年 7 月）的年降雨分布用于模拟典型的夏季多雨型气候，通过交换试验期间夏季和冬季 3 个月的降雨分布用于模拟冬季多雨型气候，而试验期间相同年降雨量下平均降雨间隔和降雨强度用于模拟常年多雨型气候（即降雨强度 43.62mm/d，降雨间隔 10 天）。模拟的三种降雨分布类型累计降雨量（即 1483mm）和月平均 ET_0 保持不变。如图 4-7 所示，随着降雨量的增加，绿色屋顶每月的雨水滞留量也随之增加。夏季多雨型、冬季多雨型和常年多雨型降雨分布类型的年雨水径流削减率分别为 51%、42% 和 74%。与夏季多雨型气候和冬季多雨型气候相比，常年多雨型气候下绿色屋顶的年径流削减率分别提高了 23％和 32％。夏季多雨型气候和冬季多雨型气候在雨季的径流削减率分别介于 30％～35％和 10％～20％。而非雨季月份的径流削减率在 80％～100％。结果表明，绿色屋顶的径流主要发生在降雨集中的雨季，较大的径流削减率主要发生在非雨季。

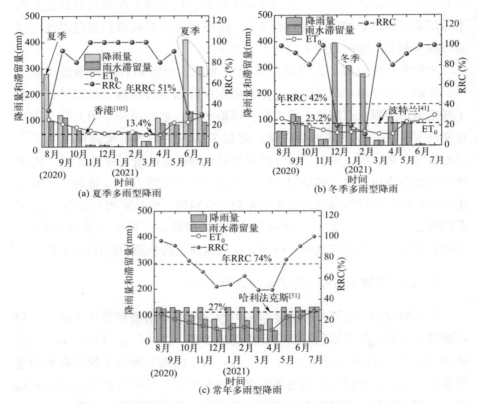

图 4-7　不同降雨分布类型下绿色屋顶的雨水滞留率（RRC）

　　总体而言，降雨均匀分布下绿色屋顶的年雨水径流削减率远高于季节性集中降雨分布下的年径流削减率。研究表明，在夏季暴雨频繁的中国香港，80mm 土壤深度的绿色屋顶年径流削减率仅为 13.4％[105]。在冬季降雨事件频繁增加的美国俄勒冈州波特兰，75mm 土壤深度的绿色屋顶的年

径流削减率为 $23.2\%^{[41]}$。在本研究中，由于模拟的绿色屋顶模型具有 25mm 蓄水层，增加了其蓄水能力，在夏季多雨型气候和冬季多雨型气候的降雨分布下，绿色屋顶具有比已有研究更高的年径流削减率。此外，绿色屋顶较高的径流削减能力大致与雨季较高的蒸散发速率保持一致。

4.3.3　蒸散发对水文性能的影响

分别采用日平均 ET_0、月平均 ET_0、季平均 ET_0 和年平均 ET_0 模拟绿色屋顶的年径流削减率和土壤含水量变化（表 4-2）。不同 ET_0 参数输入所得的含水量模拟结果与试验结果的比较如图 4-8 所示。整体上，所有选定的 ET_0 输入参数都能反映绿色屋顶土壤层含水量随降雨的增加，以及在干旱期逐渐降低的波动起伏变化。日平均 ET_0 和月平均 ET_0 作为水量平衡模型参数输入能够更好地模拟绿色屋顶土壤层含水量变化，纳什系数 NSE 分别为 0.71 和 0.69。随后，以季平均 ET_0 作为模型参数输入的土壤层含水量模拟结果的纳什系数 NSE 为 0.57。而以年平均 ET_0 作为模型参数输入的模拟结构质量较差（纳什系数 NSE 为 0.35），绿色屋顶土壤层的含水量在冬季和夏季分别被严重低估和高估。因为以年平均 ET_0 作为模型参数输入的蒸散发速率 ET_0 在冬季和夏季分别被高估和低估。与试验结果相比，绿色屋顶雨水滞留量的模拟结果整体上被低估。以日平均 ET_0、月平均 ET_0 和季平均 ET_0 为模型参数输入的雨水滞留量模拟结果误差最小（平均误差不大于 5%）。而以年平均 ET_0 作为模型参数输入的年径流削减率模拟结果误差为 9%。以年平均 ET_0 为模型参数输入的夏季雨水滞留量模拟结果被严重低估，但在冬季枯水期其对绿色屋顶雨水滞留量的模拟结果没有显著影响。

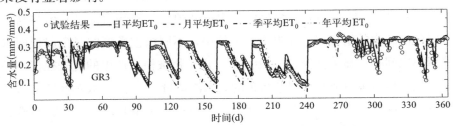

图 4-8　不同 ET_0 作为模型输入的绿色屋顶土壤层含水量模拟结果和试验结果比较

选择不同 ET_0 模拟蓄水层绿色屋顶（GR3）水文性能与
试验结果的比较 表 4-2

ET₀ 输入类型	含水量 NSE	雨水滞留量		
		模拟结果(mm)	试验结果(mm)	误差(%)
日平均 ET₀	0.71	690		5
月平均 ET₀	0.69	700	728	4
季平均 ET₀	0.57	692		5
年平均 ET₀	0.35	659		9

4.4　水量平衡模型在绿色屋顶结构配置和灌溉优化中的应用

4.4.1　绿色屋顶结构配置参数优化

1）植被系数 K_c

采用试验期间监测的年降雨分布和月平均 ET_0 作为水量平衡模型参数输入，以模拟不同植被系数 K_c 蓄水层绿色屋顶（即土壤深度 100mm、蓄水层深度 25mm、土壤最大含水量 $0.35mm^3/mm^3$）的径流削减率和含水量变化[图 4-9(a)]。随着植被系数 K_c 从 0.4 增加到 2，绿色屋顶的年径流削减率从 21％增加到 59％。这表明植被系数 K_c 在较低水平上（小于60％）对绿色屋顶的年径流削减率有显著影响。基于 Wang 等[33] 的研究，本研究将绿色屋顶植被遭受水分胁迫所对应的土壤含水量定义为 $0.13mm^3/mm^3$。模拟结果表明，绿色屋顶植被遭受水分胁迫的天数从 16天增加到 184 天。然而，绿色屋顶年径流削减率的增长率从 39％下降至 3％，平均增长率为 14％。绿色屋顶水分胁迫的增长率（50％）始终高于年径流削减率的增长率。在强降雨事件中，不同植被类型的绿色屋顶雨水滞留率之间存在显著差异[98]。相反地，由于植被根系产生的优先径流，耗水量大的植被也可能减少绿色屋顶的雨水滞留量[30]。高蒸散发速率的植被能够增加绿色屋顶土壤层的蓄水能力，但植被在干旱时期可能更容易遭受水分胁迫[21]。因此，不建议选择耗水量大的植物来提高绿色屋顶的径流削减率，因为植物的高蒸散发速率往往以长时间的水分胁迫为代价，而对提高绿色屋顶径流削减率并不显著。

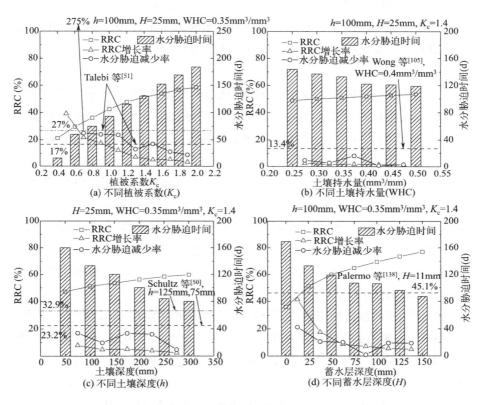

图 4-9　绿色屋顶的雨水滞留率（RRC）和水分胁迫时间

2）土壤持水量

随着土壤持水量 WHC 的增加，绿色屋顶通常具有更大的蓄水空间。如图 4-9（b）所示，随着土壤持水量 WHC 从 $0.25\,\text{mm}^3/\text{mm}^3$ 增加到 $0.50\,\text{mm}^3/\text{mm}^3$，绿色屋顶的年径流削减率从 49% 增加到 53%，年径流削减率的增长率仅为 4%。此外，绿色屋顶的水分胁迫时间从 144 天减少至 119 天。这与以往研究中单次降雨事件下绿色屋顶的径流削减率不同，已有研究则认为土壤类型是绿色屋顶雨水滞留的主要因素[40,75]。然而，通过土壤改良提高土壤持水能力（WHC）的方法在绿色屋顶长期径流削减率的改善上相对较弱。已有研究表明，在92次监测降雨事件中，三种土壤类型的绿色屋顶的平均径流削减率在81%～88%变化[55]。这可能与干旱期通过蒸散发速率恢复绿色屋顶土壤层的蓄水能力不足有关。此外，在连续降雨过程中，绿色屋顶的有效蓄水空间几乎为零[33]。

3）土壤深度

如图4-9（c）所示，随着土壤深度从50mm增加到300mm，绿色屋顶的径流削减率从47%增加到60%。试验期间绿色屋顶产生排水的降雨事件从29次减少到22次。土壤深度每增加50mm，绿色屋顶的径流削减率分别提高3.7%、2.4%、2.7%、2.2%和1.4%。与50mm土壤深度相比，100mm土壤深度的绿色屋顶植被层减少了27天的年平均水分胁迫时间。土壤深度每增加50mm，植被层年平均水分胁迫时间减少16天。当土壤深度超过250mm时，绿色屋顶植被层在多雨的夏季没有发生水分胁迫，而更深的土壤深度（如300mm）仅延迟了绿色屋顶植被层水分胁迫时间4天。这表明，当土壤深度超过一定深度时，对延迟绿色屋顶植被层遭受水分胁迫的时间并不显著。

绿色屋顶的水文响应取决于降雨量的大小和降雨前干旱期的时间[41]。与50mm土壤深度的绿色屋顶相比，300mm土壤深度的绿色屋顶年径流削减率提高13%。随着土壤层深度的增加，绿色屋顶径流削减率的增长率逐渐降低，已有研究也得到了类似的结果[33,51]。绿色屋顶土壤深度的增加对绿色屋顶的径流减少没有显著影响，径流削减率从22%增加到24%[138]。在中国香港为期10个月的试验监测结果表明，40mm和80mm土壤深度的绿色屋顶径流削减率分别为11.9%和13.4%[105]。此外，当土层深度超过某一临界值时，进一步增加土壤深度并没有给绿色屋顶的径流削减率带来太大改善[55]。随着土壤深度的增加，绿色屋顶水分胁迫时间减少，但也增加了绿色屋顶的累计灌溉量[34]。虽然增加土壤深度能够在一定程度上缓解绿色屋顶的水分胁迫，但屋顶荷载的增加可能会降低绿色屋顶的可行性。屋顶荷载几乎与土壤深度成相同的比例增加[33]。在华南地区，屋顶荷载上限相当于大约200mm的土壤深度。

4）蓄水层深度

如图 4-9（d）所示，随着蓄水层深度从 0 增加到 150mm，绿色屋顶的径流削减率从 36％提高到 77％。与无蓄水层绿色屋顶相比，25mm 蓄水层绿色屋顶径流削减率显著提高 15％。在监测期间的 58 次有效降雨事件中，无蓄水层绿色屋顶产生了 38 次底部排水事件。在 25mm 蓄水层绿色屋顶上仅产生了 27 次底部排水事件。此外，与无蓄水层绿色屋顶相比，150mm 蓄水层绿色屋顶显著减少了植被水分胁迫时间 82 天，减少 49％。结果表明，绿色屋顶的蓄水层深度每增加 25mm，绿色屋顶的年平均水分胁迫时间减少 14 天。

相比于增加土壤深度和土壤持水能力等结构配置因素，蓄水层对绿色屋顶径流削减率的敏感性更高，平均增长率为 7％。值得注意的是，绿色屋顶土壤深度从 100mm 增加到 300mm 所提高的径流削减率相当于绿色屋顶的蓄水层深度从 25mm 增加到 50mm 所提高的径流削减率。如图 4-10 所示，与已有研究相比，本研究中增加的额外蓄水层显著提高了绿色屋顶的径流削减率。增加底部蓄水层可以显著提高绿色屋顶的径流削减能力[91]。绿色屋顶底部蓄水层深度的增加减少了植被遭受水分胁迫的时间和累计灌溉量[34]。同样，当蓄水层深度超过一定值时，对于减少季节性降雨气候下绿色屋顶的水分胁迫时间没有显著影响。因为蓄水层深度的增加主要减少了绿色屋顶在雨季的水分胁迫时间，而在冬季较长的干旱期（例如，2020 年 10 月 30 日至 2021 年 2 月 8 日）很难获得底部蓄水层对土壤层的水分补给。此外，大于 100mm 的蓄水层绿色屋顶（100mm 土壤深度）年径流削减率超过 70％，并避免了绿色屋顶植被层在多雨的夏季遭受水分胁迫。根据我国海绵城市建设将 70％的降雨就地消纳和利用的目标，并综合考虑建筑屋面荷载和植被水分胁迫等因素，本研究建议在我国华南地区绿色屋顶的最佳蓄水层深度为 100mm（土壤深度为 100mm）。与已有研究相比，这是一个较深的蓄水层深度[91,138]。

4.4.2　绿色屋顶灌溉优化

如图 4-11 所示，试验期间监测的年降雨量在多雨的夏季迅速增加，在

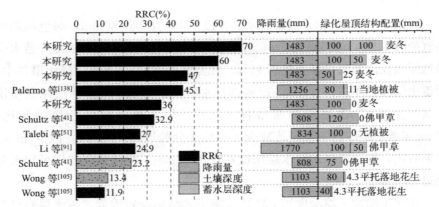

图 4-10　绿色屋顶雨水滞留率（RRC）与已有研究的比较

冬季趋于相对稳定（少量降雨事件）。在夏季，绿色屋顶的累计潜在蒸散发量（PET）比累计降雨量低 552mm，在冬季比累计降雨量高 160mm。这意味着绿色屋顶从理论上在多雨的夏季可能不需要灌溉，而在少雨的冬季需要进行必要的灌溉管理。对于具有 25mm 蓄水层的绿色屋顶，年雨水滞留量比累计潜在蒸散发量 PET 低 489mm[图 4-11（a）]。试验期间 1 年累计需要进行 7 次灌溉，年累计灌溉量为 275mm（表 4-3）。然而，在多雨的夏季，在长达 12 天和 19 天两个较长干旱期，需要进行 2 次灌溉，累计灌溉量为 75mm。对于具有 100mm 蓄水层的绿色屋顶，需要进行 3 次灌溉，年累计灌溉量为 225mm[图 4-11（b）]。如表 4-4 所示，在多雨的夏季，100mm 蓄水层的绿色屋顶不需要额外的灌溉，因为更多的降雨被保留并在干旱期补给上层土壤水分。

对于绿色屋顶灌溉管理，绿色屋顶的雨水滞留量被认为是有效灌溉。随着蓄水层深度从 25mm 增加到 100mm，绿色屋顶的年灌溉次数减少了 4 次，累计灌溉量减少了 50mm。蓄水层为 100mm 的绿色屋顶由于蒸散发速率较高，冬季灌溉量增加了 25mm。有趣的是，较高的雨水滞留避免了绿色屋顶在雨季的灌溉维护，从而降低了绿色屋顶的年累计灌溉量。研究表明，绿色屋顶在进行饱和灌溉条件下能有效延长灌溉时间间隔，同时，增加蓄水层深度能够有效减少绿色屋顶的年灌溉次数[34]。在较长的干旱

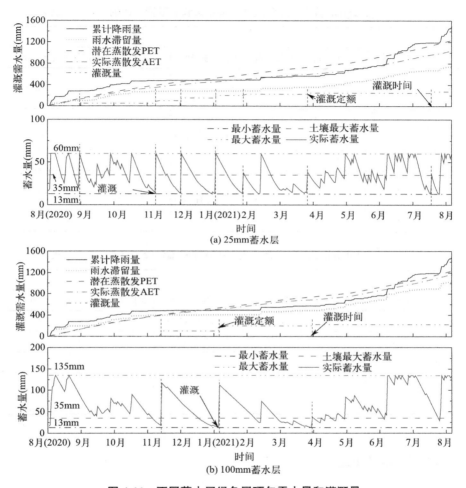

图 4-11　不同蓄水层绿色屋顶年需水量和灌溉量

期，100mm 蓄水层绿色屋顶的灌溉次数在充分灌溉（即 100mm）下减少了 2 次，平均灌溉周期增加了 24 天。在 3 月提供了一个较小的灌溉定额（即 25mm），以避免在随后的降雨之前对绿色屋顶造成过度灌溉（即降低绿色屋顶的有效蓄水空间）。结果表明，增加蓄水层深度显著降低了绿色屋顶年灌溉次数和累计灌溉量。在夏季降雨集中的华南地区，应考虑雨季小定额灌溉和较长干旱期充分灌溉相结合的灌溉方案。

25mm 蓄水层绿色屋顶年需水量和灌溉管理计划   表 4-3

季节	需水量（mm）			灌溉管理		
	降雨量	雨水滞留	实际蒸散发量	灌溉时间	灌水定额（mm）	灌溉量（mm）
秋季	205	179	271	11 月 6 日	50	100
				11 月 29 日	50	
冬季	64	58	170	12 月 30 日	50	75
				1 月 24 日	25	
春季	220	189	213	3 月 23 日	25	25
夏季	994	319	388	7 月 13 日	25	75
				8 月 29 日	50	
累计	1483	745	1042		275	

100mm 蓄水层绿色屋顶年需水量和灌溉管理计划   表 4-4

季节	需水量（mm）			灌溉管理		
	降雨量	雨水保留	实际蒸散发量	灌溉时间	灌水定额（mm）	灌溉量（mm）
秋季	205	205	305	11 月 11 日	100	100
冬季	64	64	203	1 月 2 日	100	100
春季	220	220	230	3 月 27 日	25	25
夏季	994	543	433	—	0	0
累计	1483	1032	1171		225	

4.5 本章小结

　　绿色屋顶的雨水滞留量和含水量主要受结构配置（即土壤层、植被层和蓄水层）和气象因素（即降雨和蒸散发）的影响。基于水量平衡模型和蒸散发估算模型，本研究提出了一个模拟蓄水层绿色屋顶水分动态变化的水量平衡简化模型。采用 Visual Basic 开发的程序对模型进行计算，并基于 2020 年 8 月 1 日至 2021 年 7 月 31 日监测的三个绿色屋顶模型试验结果对模型进行校准和验证。随后，对不同气候条件和结构配置参数下绿色屋顶的长期水文性能进行模拟。可以得出以下结论。

（1）水量平衡简化模型能够较好地模拟绿色屋顶的年雨水滞留量和土壤含水量的动态变化，平均 NSE 和年径流削减率误差分别为 0.65 和不大于 6%。该模型所需参数为气象站收集的降雨量和蒸散发相关数据。基于水量平衡简化模型的计算程序可用于绿色屋顶结构配置优化设计和灌溉管理。

（2）相同年降雨量下，常年多雨型地区比季节性集中降雨地区的绿色屋顶年径流削减率平均增加 28%。在季节性降雨地区，绿色屋顶的径流主要发生在雨季，而干旱期的径流削减率可达 100%。在雨季，较高的径流削减率与较高的蒸散发速率一致。

（3）模型参数输入采用日平均 ET_0、月平均 ET_0 和季平均 ET_0 对年径流削减量和土壤含水量均具有较好的模拟结果（NSE>0.5），径流削减率的平均误差不大于 5%。由于 ET_0 的季节变化，以年平均 ET_0 作为模型参数输入的绿色屋顶径流削减率在夏季被显著低估，但在冬季干旱期没有显著影响。相应地，在夏季低估了绿色屋顶土壤含水量，而在冬季高估了绿色屋顶土壤含水量。

（4）植被系数对径流削减率的影响并不显著，不推荐使用高蒸散发植物以牺牲植被水分胁迫为代价来提高绿色屋顶的径流削减率。改良土壤持水能力对绿色屋顶径流削减率的影响较小（年径流削减率提高 4%）。随着土壤深度从 50mm 增加到 300mm，绿色屋顶的年径流削减率增加 14%。然而，年径流削减率的增长率和水分胁迫的下降率显著降低。当土壤深度超过一定范围后，增加土壤深度对提高绿色屋顶年径流削减率没有显著影响，反而大幅度增加屋面荷载。

（5）随着蓄水层深度从 0 增加到 150mm，绿色屋顶的年径流削减率增加 41%，水分胁迫降低 49%。仅仅通过增加土壤持水量和土壤深度很难实现绿色屋顶 70% 的径流削减率目标。与改良土壤和增加土壤深度相比，增加蓄水层深度对绿色屋顶年径流削减率和水分胁迫的影响更显著。此外，增加蓄水层深度显著降低了绿色屋顶灌溉次数和累计灌溉量。

第 5 章　绿色屋顶水热耦合模型及其应用

5.1　概述

作为海绵城市建设的有效措施之一，绿色屋顶在削减雨水径流的同时，还具有屋顶保温隔热、节能降碳、延长建筑寿命和减少城市热岛等热性能效益。已有研究表明，绿色屋顶大约能够将建筑屋顶热传导通量削减60%[59]。相比于普通屋顶，绿色屋顶在夏季的制冷能耗可减少31%～35%，在冬季的制热能耗可减少2%～10%[52]。此外，已有典型屋顶节能技术主要包括涂料屋顶、隔热屋顶、蓄水屋顶和绿色屋顶[63]。而绿色屋顶综合了涂料屋顶、蓄水屋顶和隔热屋顶的特点，通过绿色屋顶表面反射部分太阳辐射，植被和土壤蒸散发潜热与显热消耗，再通过绿色屋顶结构层阻热作用降低屋顶热通量[86]。

土壤含水量对绿色屋顶热性能的影响至关重要。通常，土壤比热容和热导率随含水量的增加而增大。研究表明，随着绿色屋顶土壤含水量从干燥到饱和，土壤热导率大约增加两倍[139]。在数学模型中不考虑土壤水分的影响时，土壤表面温度的平均误差为 2.9℃；而在模型中考虑土壤水分的影响时，土壤表面温度的平均误差仅为 0.8℃[58]。此外，带蓄水层的绿色屋顶提供了土壤层更高的含水量和蒸散发速率[140]。基于 Richards 方程模拟绿色屋顶土壤水分运移过程建立的绿色屋顶水热耦合模型已得到广泛研究[58,82-83]。然而，已有研究通过耦合水分运移机理模型往往所需计算参数较多，实际应用较为困难。此外，已有研究未考虑绿色屋顶蓄水层水分以及蓄水层对土壤含水量变化的影响。

当前，绿色屋顶一般安装在既有普通屋顶上，而普通屋顶通常包括（从上到下）混凝土保护层、防水层、挤塑聚苯乙烯泡沫板（XPS 保温隔热层）和混凝土结构板。因此绿色屋顶保温隔热和保护层在功能上与普通屋顶 XPS 保温隔热层和混凝土保护层可能存在重合，导致屋面荷载和建设成本增加。目前尚不清楚一体化绿色屋顶结构（即不包含 XPS 保温隔热层和混凝土保护层，IGR）是否能够取代普通屋顶的 XPS 保温隔热层，以及通过一体化绿色屋顶结构替代 XPS 保温隔热层和混凝土保护层对降低建设成本和减少屋面负荷的潜力。

本章旨在提出一个考虑屋顶绿化土壤层和蓄水层水分变化的水热运移耦合模型，并采用绿色屋顶和普通屋顶水热运移模型试验结果对模型进行校准和验证。随后，对比分析一体化绿色屋顶结构与普通屋顶的热性能，并对不同土壤深度和蓄水层深度下绿色屋顶水热运移过程进行模拟分析。研究结果可为绿色屋顶结构配置设计和建筑节能技术提供基础理论与数据支撑。

5.2　绿色屋顶水热耦合模型

5.2.1　绿色屋顶地表与大气间的能量平衡

绿色屋顶表面和植被层接收的净辐射，分别通过蒸散发潜热消耗、显热消耗以及向土壤层传热（图 5-1）。根据能量平衡原理，绿色屋顶表面与大气间的能量平衡可以表示为：

$$R_n = H + LE + G \tag{5-1}$$

式中，R_n 为地表净辐射（W/m^2）；H 为显热（W/m^2）；LE 为潜热（W/m^2）；G 为地表向土壤层传热的热通量（W/m^2）。

净辐射取决于地表入射的净短波辐射和向外反射的净长波辐射之差，即

$$R_n = R_{ns} - R_{nl} \tag{5-2}$$

式中，R_{ns} 为净短波辐射（W/m^2）；R_{nl} 为净长波辐射（W/m^2）。

本研究采用"大叶（big leaf）"模式处理绿色屋顶地表与大气界面的能量分配过程[141]，即采用土壤表面和植被层的综合反射率计算地表净辐射。

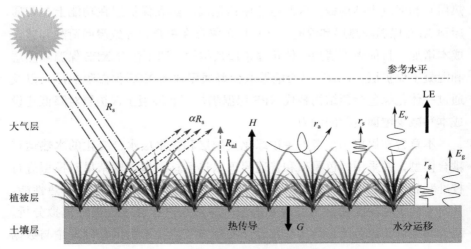

图 5-1　绿色屋顶水热运移示意图

$$R_n = R_s (1-\alpha) - R_{nl} \tag{5-3}$$

式中，R_s 为到达地面的太阳总辐射，即短波辐射（W/m²）；α 为考虑绿色屋顶土壤表面、植被层和植被遮荫的综合反射率。

根据 Stefan-Boltzmann 定律，长波辐射通量与地表绝对温度的四次方成正比。考虑湿度和云量两个因素对净长波辐射通量的影响，本研究采用联合国粮食及农业组织（FAO）推荐的经验公式计算地表净长波辐射[128]：

$$R_{nl} = \sigma \left[\frac{T_{max,K}^4 + T_{min,K}^4}{2} \right] (0.34 - 0.14 \sqrt{e_a}) \left(0.1 + 0.9 \frac{n}{N} \right) \tag{5-4}$$

式中，σ 为 Stefan-Boltzmann 常数，取 5.670×10^{-8} W/(m² · K⁴)；$T_{max,K}$ 为最高绝对温度，$T_{max,K} = T_{max} + 273$；$T_{min,K}$ 为最低绝对温度，$T_{min,K} = T_{min} + 273$；$e_a$ 为实际水汽压力（kPa）；n 为日照时数（h）；N 为最大可能日照时数（h）。

采用空气动力学中热扩散原理计算地表显热：

$$H = \frac{\rho_a C_p (T_s - T_a)}{r_a} \tag{5-5}$$

式中，H 为地表显热（W/m²）；ρ_a 为空气密度（kg/m³）；C_p 为空气比热容，取 1.013×10^{-3} MJ/(kg · ℃)；T_s 和 T_a 分别为地表温度和空气温度

（℃）；r_a 为空气动力学阻力（s/m）。

地表热量和水蒸气向空气传递取决于空气动力学阻力，若忽略大气稳定度修正系数的影响，空气动力学阻力可表示为：

$$r_a = \frac{\ln\left[\dfrac{Z_m-d}{Z_{om}}\right]\ln\left[\dfrac{Z_h-d}{Z_{oh}}\right]}{k^2 u_z} \tag{5-6}$$

式中，Z_m 为测量风速高度（m）；Z_h 为测量湿度高度（m）；d 为零平面位移（m）；Z_{om} 和 Z_{oh} 分别为动能传递和热量、蒸汽传递粗糙度高度（m）；k 为 Karman 常数，取 0.41；u_z 为高度 z 处的风速（m/s）。

本研究中温度、湿度和风速的测量高度为 2m，植被高度 h 为 0.12m。相关参数可以根据 FAO 推荐的经验公式进行估算：

$$d = 2/3h \tag{5-7}$$

$$Z_{om} = 0.123h \tag{5-8}$$

$$Z_{oh} = 0.1Z_{om} \tag{5-9}$$

因此，本研究中空气动力学阻力计算公式(5-6)可改写为：

$$r_a = \frac{208}{u_2} \tag{5-10}$$

式中，u_2 为地表以上 2m 高度处的风速（m/s）。

绿色屋顶表面的潜热消耗主要包括土壤表面的蒸发潜热 LE_g 和植被表面的蒸腾潜热 LE_v。土壤表面蒸发速率可以由下式表示[142-143]：

$$LE_g = (1-veg)\frac{\rho_a C_p}{\gamma(r_g+r_a)}(e_g-e_a) \tag{5-11}$$

式中，LE_g 为土壤表面蒸发潜热（W/m²）；ρ_a 为空气密度（kg/m³）；C_p 为空气比热容，取 1.013×10^{-3} MJ/(kg·℃)；γ 为湿度计常数；r_g 和 r_a 分别为土壤表面蒸发阻力和空气阻力（s/m）；veg 为植被覆盖率；e_g 和 e_a 分别为地表水汽压和参考高度处空气的水汽压（kPa）。

假设土壤表面水汽压为饱和水汽压并考虑土壤有效水分对土壤表面蒸发速率的影响，在式(5-11)中增加土壤水分有效性系数对土壤表面蒸发具有更好的预测结果[141]。由此，式(5-11)可以改写为如下方程：

$$\text{LE}_g = (1-\text{veg}) \frac{\rho_a C_p}{\gamma (r_g + r_a)} \alpha (e_s - e_a) \tag{5-12}$$

$$\begin{cases} \alpha = \dfrac{w_g}{w_f} (w_g < w_f) \\ \alpha = 1 (w_g \geqslant w_f) \end{cases} \tag{5-13}$$

式中，α 为土壤表面的相对湿度；e_s 为土壤表面饱和水汽压（kPa）；w_g 为土壤表层含水量（m^3/m^3）；w_f 为最大持水量（m^3/m^3）。

式（5-12）中，林家鼎等[144]认为土壤蒸发阻力 r_g 的变化主要与土壤表面含水量有关，并采用如下经验公式进行计算：

$$r_g = \alpha_1 \left(\frac{\theta_s}{\theta}\right)^{\alpha_2} + \alpha_3 \tag{5-14}$$

式中，r_g 为土壤蒸发阻力（s/m）；θ_s 和 θ 分别为土壤饱和含水量和土壤实际含水量（m^3/m^3）；α_1、α_2、α_3 为经验值。

根据空气动力学理论，绿色屋顶植被层潜热消耗可以表示如下：

$$\text{LE}_v = \text{veg} \cdot \text{LAI} \frac{\rho_a C_p}{\gamma (r_s + r_a)} (e_v - e_a) \tag{5-15}$$

式中，LE_v 为植被潜热（W/m^2）；ρ_a 为空气密度（kg/m^3）；C_p 为空气比热容，取 $1.013 \times 10^{-3} \text{MJ/(kg} \cdot {}^\circ\text{C})$；$\gamma$ 为湿度计常数；LAI（leaf area index）为植被叶面积指数；veg 为植被覆盖率；r_a 和 r_s 分别为空气阻力和植被冠层气孔阻力（s/m）；e_v 和 e_a 分别为植被冠层水汽压和参考高度处空气的水汽压（kPa）。

其中，湿度计常数 γ 可用如下公式表示：

$$\gamma = \frac{C_p P}{L \varepsilon} \tag{5-16}$$

式中，C_p 为空气比热容，取 $1.013 \times 10^{-3} \text{MJ/(kg} \cdot {}^\circ\text{C})$；$P$ 为大气压（kPa）；L 为水的蒸发潜热，取 2.45MJ/kg；ε 为水蒸气与干燥空气的分子量之比，$\varepsilon = 0.622$。

根据 FAO 推荐的参考作物蒸散发速率计算公式，假设植被表面水汽压为饱和水汽压，并考虑土壤有效水分和植被系数对植被蒸腾潜热的影响，式(5-15) 可以改写为：

$$LE_v = veg \cdot LAI \cdot \alpha K_c \frac{\rho_a C_p}{\gamma(r_s + r_a)}(e_s - e_a) \tag{5-17}$$

式中，K_c 为植被系数；α 为土壤表面的相对湿度；e_s 为植被表面饱和水汽压（kPa）。

绿色屋顶表面饱和水汽压是一个与温度有关的函数（T_t 为 t 时刻的温度），其经验表达式为：

$$e_s(T_t) = 0.6108\exp\left(\frac{17.27T_t}{T_t + 237.3}\right) \tag{5-18}$$

本研究取地表最高温度（T_{max}）和最低温度（T_{min}）所对应饱和水汽压的平均值作为绿色屋顶表面饱和水汽压值：

$$e_s = [e_s(T_{max}) + e_s(T_{min})]/2 \tag{5-19}$$

对于绿色屋顶植被层表面阻力，假设绿色屋顶植被覆盖区域的土壤层被植被完全覆盖，即不考虑土壤蒸发阻力的影响，则植被层表面蒸发阻力可用如下方程近似计算：

$$r_s = \frac{r_1}{LAI} \tag{5-20}$$

式中，r_1 为光照充足条件下植被叶片表面气孔阻力（s/m）。

通过对绿色屋顶植被覆盖层蒸腾速率 E_v 和土壤层蒸发速率 E_g 进行计算可以得到绿色屋顶表面蒸散发速率 ET，由此，绿色屋顶表面潜热通量可以采用如下方程进行换算得到：

$$LE = L\rho_w(E_g + E_v) \tag{5-21}$$

式中，LE 为绿色屋顶表面潜热通量（MJ/kg）；L 和 ρ_w 分别为水的蒸发潜热（MJ/kg）和水的密度（g/cm^3）；E_v 和 E_g 分别为植被蒸腾速率和土壤层蒸发速率（mm/min）。

5.2.2　绿色屋顶热传导方程

1）土壤层热传导过程

热传导是影响土壤温度变化的主要因素，本研究采用一维垂向热传导方程计算绿色屋顶土壤层的温度变化：

$$C_s \frac{\partial T_s}{\partial t} = \frac{\partial}{\partial z}\left(K_s \frac{\partial T_s}{\partial z}\right) \tag{5-22}$$

式中，C_s 为土壤体积热容 [J/(m³·℃)]；T_s 为土壤温度（℃）；K_s 为土壤热导率 [J/(m·℃)]；t 为时间（min）；z 为土壤垂直深度（m）。

土壤体积热容主要与土壤颗粒组成和含水量有关，由于空气热容量较小且土壤中有机质含量较低，本研究忽略其对土壤热容量的影响。因此，土壤体积热容取决于土壤含水量变化，可以采用下式进行计算[145]：

$$C_s = 1.926 \times 10^6 (1 - \theta_s) + 4.184 \times 10^6 \theta_t \tag{5-23}$$

式中，C_s 为土壤体积热容 [J/(m³·℃)]；θ_s 为土壤饱和含水量（m³/m³）；θ_t 为土壤含水量（m³/m³）。

土壤的热导率与土壤含水量有关，可以采用如下方程计算与水含量有关的土壤热导率[145]：

$$K_s = b_1 + b_2 \theta_t + b_3 \theta_t^{0.5} \tag{5-24}$$

式中，K_s 为土壤热导率 [W/(m·℃)]；θ_t 为体积含水量（m³/m³）；b_1、b_2 和 b_3 为经验回归系数。

2）蓄（排）水层热传导过程

在传统绿色屋顶中，蓄（排）水层通常为带凹槽的塑料排水板，其凹槽蓄水能力较小，蓄（排）水层大部分空间被空气填充 [图 5-2（a）]。本研究主要考虑带蓄水层的绿色屋顶热传导过程。根据水量平衡原理，随着降雨入渗，土壤层达到饱和后产生土壤层底部渗流进入蓄水层空间，并在蓄水层达到饱和后开始产生排水。因此，在带蓄水层的绿色屋顶中，需要考虑蓄水层蓄水深度对热传导过程的影响。根据热量平衡理论，蓄水层的热量平衡主要包括空气层和蓄水深度层的热传导过程 [图 5-2（b）]。对于蓄水深度为 h 的蓄水层，蓄水层可表示为空气层和含水层两种不同介质的热传导过程。当蓄水层无蓄水深度时，蓄水层热传导可以表示如下：

$$\rho_a C_p \frac{\partial T_r}{\partial t} = K_r \frac{\partial^2 T_r}{\partial z} \tag{5-25}$$

式中，T_r 为温度（℃）；ρ_a 为空气密度（kg/m³）；C_p 为空气比热容

$[MJ/(kg \cdot \mathbb{C})]$；$K_r$ 为空气热导率 $[J/(m \cdot \mathbb{C})]$；t 为时间（min）；z 为热传导深度（m）。

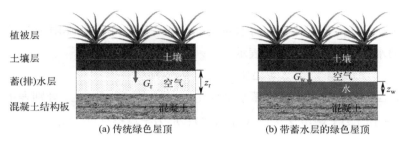

(a) 传统绿色屋顶　　　　　(b) 带蓄水层的绿色屋顶

图 5-2　绿色屋顶蓄（排）水层热传导过程示意图

3）结构层热传导过程

与土壤层相比，水分对屋顶结构层的影响较小，主要考虑混凝土结构板和挤塑聚苯乙烯泡沫板等保温隔热层的热传导过程：

$$\rho_m C_m \frac{\partial T_m}{\partial t} = K_m \frac{\partial^2 T_m}{\partial z} \tag{5-26}$$

式中，T_m 为温度（℃）；ρ_m 为材料密度（kg/m^3）；C_m 为材料比热容 $[MJ/(kg \cdot \mathbb{C})]$；$K_m$ 为材料热导率 $[J/(m \cdot \mathbb{C})]$；m 为材料属性，包括混凝土结构板或挤塑聚苯乙烯泡沫板等；t 为时间（min）；z 为热传导深度（m）。

5.2.3　绿色屋顶水分运移模型

绿色屋顶水分通量的上边界条件主要包括降雨、植被蒸腾和土壤蒸发（蒸散发），降雨条件下绿色屋顶通过土壤层和蓄水层滞留雨水，并在降雨入渗超出绿色屋顶最大蓄水能力后产生排水。根据水量平衡方程，绿色屋顶土壤层和蓄水层的水量平衡可以表示为：

$$\Delta S = P + E - ET - S_{bottom} \tag{5-27}$$

$$\Delta H = S_{bottom} - E - D \tag{5-28}$$

式中，ΔS 为绿色屋顶土壤层雨水滞留量（mm）；P 为降雨量（mm）；ET 为表面蒸散发量（mm）；E 为蓄水层水面蒸发量（mm），本研究取蓄水层蒸发速率近似等于表面蒸散发速率；蓄水层无蓄水时取 $H=0$；S_{bottom} 为土壤层底部渗流量（mm）；ΔH 为蓄水层雨水滞留量（mm）；D 为排水量（mm）。

本研究中，假设土壤层含水量均匀分布，则土壤层在降雨和蒸散发条件下的水分变化可采用下式表示：

$$\Delta S_t = (\theta_t - \theta_{t-1})h \tag{5-29}$$

式中，ΔS_t 为 t 时刻土壤层蓄水量变化值（mm）；θ_t 和 θ_{t-1} 分别表示 t 时刻和 $t-1$ 时刻土壤层含水量（m^3/m^3）；h 为土壤层深度（m）。

5.2.4 绿色屋顶水热运移的定解条件

1）初始条件

在绿色屋顶一维热传导过程中，初始条件为研究起始时刻绿色屋顶的温度和含水量剖面，可以表示为：

$$T(z,0) = T_i(z) \tag{5-30}$$

$$\begin{cases} \theta(z,0) = \theta_i(z) \\ H(0) = H_0 \end{cases} \tag{5-31}$$

式中，$T_i(z)$ 和 $\theta_i(z)$ 分别为 $t=0$ 时刻绿色屋顶温度分布和土壤含水量分布；H_0 为绿色屋顶蓄水层在 $t=0$ 时刻的蓄水深度。

2）边界条件

本研究中，土壤层和蓄水层的水分变化可通过式（5-27）～式（5-29）简化的水量平衡模型进行计算，并与热传导方程耦合计算绿色屋顶的热传导过程。结合式（5-1）、式（5-5）和式（5-22）可以得到绿色屋顶土壤热传导的上边界条件为：

$$\frac{\rho_a C_p (T_s - T_a)}{r_a} - K_s \frac{\partial T}{\partial z} = R_n - LE \tag{5-32}$$

式中，ρ_a 为空气密度（kg/m^3）；C_p 为空气比热容 [$J/(kg \cdot ℃)$]；T_s 为土壤表面温度（℃）；T_a 为空气温度（℃）；r_a 为空气动力学阻力（s/m）；K_s 为土壤热传导率 [$J/(m \cdot ℃)$]；T 为温度（℃）；z 为热传导深度（m）；R_n 为土壤表面净辐射（W/m^2）；LE 为土壤表面蒸散发潜热（W/m^2）。

下边界条件设置为温度边界条件，可以根据试验监测获得，或选择恒定温度边界条件进行分析。即

$$T(Z,t) = T_Z(t) \tag{5-33}$$

式中，$T_Z(t)$ 为下边界 Z 处随时间 t 变化的温度（℃）。

5.3 水热耦合模型的数值计算方法

5.3.1 土壤层热传导方程的有限差分离散格式

绿色屋顶的水热运移模型由代数方程组和偏微分方程构成，由于方程的非线性和定解条件的复杂性，直接求解方程组比较困难，一般采用数值计算方法进行求解。本研究采用有限差分法对热传导方程进行求解，考虑数值计算过程中的时间步长可能造成计算不收敛问题，本研究采用全隐式差分格式对模型进行离散。建立相互正交的（z，t）坐标系（图 5-3），将热传导深度 Z 沿 z 方向分为等间距的 N 个单元，

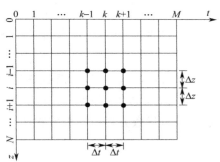

图 5-3 一维热传导差分网格

节点编号为 i，对应的坐标为 $z_i(i=0,1,2,\cdots,n)$，空间步长 $\Delta z_i = z_i - z_{i-1}$；将时间坐标划分为时间步长为 Δt 的若干时段，节点编号为 k，对应的时间为 $t_k(k=0,1,2,\cdots,M)$，时间步长 $\Delta t_k = t_k - t_{k-1}$。因此，在 t_k 时刻，节点 i 处的温度和含水量可以表示为 T_i^k 和 θ_i^k，其中下标表示空间节点编号、上标表示时间节点编号。热传导方程式(5-22)采用全隐式有限差分格式进行离散，可以得到热传导方程在内节点 $i=1,2,\cdots,n-1$ 的差分方程为：

$$\frac{T_i^{k+1} - T_i^k}{\Delta t} = \frac{D_{si+1/2}^{k+1}(T_{i+1}^{k+1} - T_i^{k+1}) - D_{si-1/2}^{k+1}(T_i^{k+1} - T_{i-1}^{k+1})}{\Delta z^2} \tag{5-34}$$

式中，D_s 为热扩散率，为热导率与体积热容之比。

式(5-34) 经整理后可写成隐式差分格式的差分方程：

$$-\frac{\Delta t}{\Delta z^2}D_{si-1/2}^{k+1}T_{i-1}^{k+1}+\left[1+\frac{\Delta t}{\Delta z^2}(D_{si-1/2}^{k+1}+D_{si+1/2}^{k+1})\right]T_i^{k+1}-\frac{\Delta t}{\Delta z^2}D_{si+1/2}^{k+1}T_{i+1}^{k+1}=T_i^k$$

$$(5-35)$$

若令：

$$\begin{cases} a_i = -\dfrac{\Delta t}{\Delta z^2}D_{si-1/2}^{k+1} \\[2mm] b_i = 1+\dfrac{\Delta t}{\Delta z^2}(D_{si-1/2}^{k+1}+D_{si+1/2}^{k+1}) \\[2mm] c_i = -\dfrac{\Delta t}{\Delta z^2}D_{si+1/2}^{k+1} \end{cases}$$

$$(5-36)$$

则式(5-35) 可以改写为如下差分格式：

$$a_i T_{i-1}^{k+1}+b_i T_i^{k+1}+c_i T_{i+1}^{k+1}=T_i^k \qquad (5-37)$$

式中，$i=1,2,\cdots,n-1$，方程左端为 t_{k+1} 时刻三个相邻节点的温度，右端为 t_k 时刻的温度。因此，通过初始时刻的温度求下一时刻各节点的温度需要联立求解代数方程组。根据式(5-37) 写出求解方程组为：

$$\begin{pmatrix} b_1 & c_1 & & & & 0 \\ a_2 & b_2 & c_2 & & & \\ & \ddots & \ddots & \ddots & & \\ & & a_{n-2} & b_{n-2} & c_{n-2} \\ 0 & & & a_{n-1} & b_{n-1} \end{pmatrix}\begin{pmatrix} T_1^{k+1} \\ T_2^{k+1} \\ \vdots \\ T_{n-2}^{k+1} \\ T_{n-1}^{k+1} \end{pmatrix}=\begin{pmatrix} T_1^k \\ T_2^k \\ \vdots \\ T_{n-2}^k \\ T_{n-1}^k \end{pmatrix} \qquad (5-38)$$

若已知初始条件和边界条件，通过逐时段求解方程组(5-38) 便可得到各时间和节点的温度变化。本研究中，绿色屋顶热传导的上边界条件和下边界条件分别由式(5-32) 和式(5-33) 给出，其相应的差分格式为：

$$\frac{\rho_a C_p}{r_a}T_0^{k+1}-K_{g0}^{k+1}\frac{T_1^{k+1}-T_0^{k+1}}{\Delta z}=R_n^{k+1}-LE^{k+1}+\frac{\rho_a C_p}{r_a}T_a \quad (5-39)$$

$$T_n^{k+1}=T_Z^{k+1} \qquad (5-40)$$

$$T_i^1=T_1(z) \qquad (5-41)$$

式中，K_{g0} 为土壤层热导率 [W/(m·℃)]。

5.3.2　求解步骤

绿色屋顶水热耦合运移模型迭代法求解步骤如下。

（1）设置模型计算所需的初始条件、边界条件及相关参数。主要参数涉及绿色屋顶植被层（植被覆盖率、叶面积指数、叶面气孔阻力、植被系数等）、土壤层（土壤深度、土壤饱和含水量、持水量、土壤蒸发阻力、土壤体积热容和热导率等）、蓄（排）水层（蓄水层深度、蓄水深度等）及屋顶结构板（保温隔热层厚度、混凝土结构板厚度及比热容和热导率），并参考高度大气温度、风速、太阳辐射、蒸气压等。初始条件主要为初始温度和含水量剖面，边界条件主要包括降雨和温度边界等。

（2）以绿色屋顶水分运移相关参数作为输入，通过水量平衡模型式(5-27)～式(5-29)计算绿色屋顶土壤层和蓄水层水分变化，根据式(5-23)和式(5-24)获得土壤层随含水量变化的体积热容和热导率，以及蓄水层的蓄水深度变化。以温度为预报值，采用追赶法求解热传导方程式(5-34)及相应边界条件构成的三对角方程组。

（3）如果前后两次迭代的差值小于给定误差，则迭代收敛，完成一个时间步长的计算。返回（2）继续进行下一个时间步长的计算，直到计算结束。

5.4　绿色屋顶水热耦合运移模型检验

5.4.1　绿色屋顶水热耦合运移模型参数

1）气象数据

本研究分别选取华南地区试验场地监测的夏季（2020 年 8 月 2—29 日）和冬季（2021 年 1 月 10—19 日）为期 10 天的气象数据对水热耦合运移模型模拟结果进行验证。这两个时间段被选择用于验证数值模型具有一定典型性，因为这两个时间段为干旱期，并在初始时段前一日分别有 56mm 的降雨和 60mm 灌溉，可以考虑土壤层含水量和蓄水层水分随时间变化的影响。在蒸散发条件下，土壤含水量从饱和含水量逐渐降低，蓄水

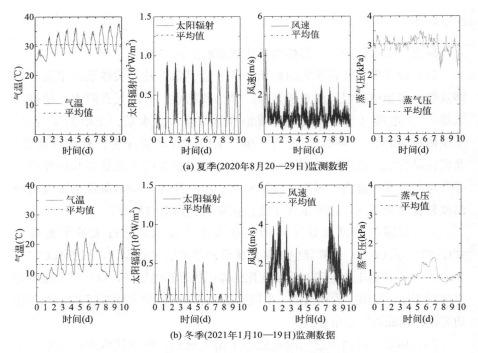

(a) 夏季(2020年8月20—29日)监测数据

(b) 冬季(2021年1月10—19日)监测数据

图 5-4　试验监测的太阳辐射、风速、气温和蒸气压

层深度也从最大蓄水深度逐渐降低至零。如图 5-4 所示，夏季太阳辐射、气温和蒸气压均显著高于冬季，夏季平均值分别比冬季高 104.64W/m²、17.52℃ 和 2.23kPa。冬季平均风速比夏季高出约 0.28m/s。根据能量平衡方程和水量平衡方程，监测的气象数据可作为水热耦合运移模型计算输入参数求解热传导方程上边界和水分运移上边界。

2）屋顶结构配置及水热特性参数

绿色屋顶 GR1 和 GR3 植被层为麦冬草，其叶面积指数 LAI 等于叶面积除以土壤面积，通过直接法测得麦冬草的叶面积指数 LAI 为 1.3[133]。植被覆盖率为植被种植覆盖面积与土壤面积之比，本研究通过计算机图像处理技术对绿色屋顶表面的高清图像进行数字化处理，分别得到植被覆盖面积与裸露地表面积占总面积之比，从而得到绿色屋顶 GR1 和 GR3 的平均植被覆盖率为 0.85。本研究假设麦冬草在试验过程中的叶面积指数和植被覆盖率保持不变，则绿色屋顶植被层水热特性有关参数如表 5-1 所示。本研究植被系数 K_c 取 1.4[140]。通过 SC-1 稳态气孔计测得麦冬草在水分和阳光充足条件下叶片平均最大气孔导度为 99mmol/($m^2 \cdot s$)，由此可以换算得到麦冬草的叶片最大气孔阻力 r_1 为 400s/m。根据式（5-20）可计算植被层气孔阻力，本研究取 $r_s = 300s/m$。

绿色屋顶植被层水热特性有关参数　　　　　　　　表 5-1

绿色屋顶	植被类型	叶面积指数 LAI	植被覆盖率 veg	植被系数 K_c	最大气孔导度 [mmol/($m^2 \cdot s$)]
GR1/GR3	麦冬草	1.3	0.85	1.4	99

如表 5-2 所示，通过试验测得绿色屋顶土壤层的饱和含水量和持水量分别为 0.55mm^3/mm^3 和 0.33mm^3/mm^3。土壤层与含水量有关的体积热容和热导率可通过式（5-23）、式（5-24）获得，根据 Chung 等[145] 的研究，式（5-24）中热导率有关参数 b_1、b_2、b_3 分别取 0.24、0.39 和 1.53。土壤蒸发阻力采用式（5-14）进行计算，根据林家鼎和孙菽芬[144] 的研究，土壤蒸发阻力有关参数 α_1、α_2 和 α_3 分别取 3.5、2.3 和 33.5。本研究中，绿色屋顶植被和土壤表面综合反射率 α 取 0.45，普通屋顶的混凝土屋面反射率 α 取 0.15[146]。绿色屋顶蓄（排）水层和屋顶结构热特性参数如表 5-3 所示。对于含排水层的绿色屋顶，其排水层深度被空气充满，深度为 25mm。而带蓄水层的绿色屋顶在降雨超过土壤层蓄水能力后渗入蓄水层保留雨水，蓄水层蓄水深度随干旱期蒸散发而逐渐损失至零。因此，蓄水层介质随气候条件变化可分为水、"水＋空气"和空气介质。水、空气、混凝土、挤塑聚苯乙烯泡沫板等材料的体积热容和热导率如表 5-3 所示。

绿色屋顶土壤水热特性参数　　　　　　　　表 5-2

绿化屋顶	土壤深度 h(mm)	饱和含水量 θ_s(mm^3/mm^3)	持水量 θ_{max}(mm^3/mm^3)	蒸发阻力有关参数			热导率有关参数		
				α_1	α_2	α_3	b_1	b_2	b_3
GR1/GR3	100	0.55	0.33	3.5	2.3	33.5	0.24	0.39	1.53

绿色屋顶蓄（排）水层及屋顶结构热特性参数				表 5-3
结构配置及材料属性		结构配置尺寸（mm）	体积热容 C [J/(cm³·℃)]	热导率 K [10^{-3}W/(cm·℃)]
蓄（排）水层	水	25	4.187	5.95
	空气		0.0012	0.26
屋顶结构	混凝土	100	2.3	17.4
	挤塑聚苯乙烯泡沫板	40	0.0426	0.33

5.4.2 模拟结果与试验结果比较

1）绿色屋顶土壤含水量变化及水热特性参数

在干旱时期，土壤含水量的变化主要受地表蒸发速率的影响。校准土壤含水量是提高土壤表面潜热和热特性参数准确性的基础。在本研究中，

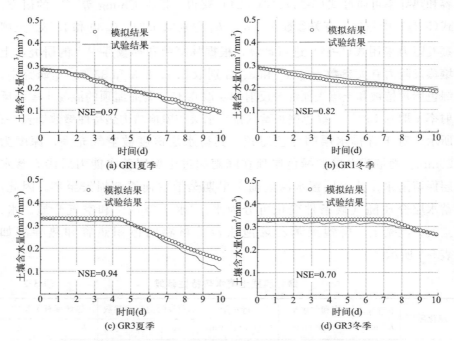

图 5-5　夏季和冬季绿色屋顶土壤含水量试验结果与模拟结果比较

土壤含水量的模拟结果通过水平衡概念模型获得。由三个水分传感器测量的平均土壤含水量用于验证模拟结果。如图 5-5(a)、图 5-5(b) 所示，绿色屋顶 GR1 的土壤含水量随蒸散发逐渐减小。在夏季，绿色屋顶 GR1 的平均日蒸散发速率（1.88mm/d）明显高于冬季（1.09mm/d）。如图 5-5(c)、图 5-5(d) 所示，在初始阶段（夏季 4.5 天，冬季 7.5 天），绿色屋顶 GR3 的土壤含水量保持在一个稳定的较高水平（即 $0.33mm^3/mm^3$），这是由于从底部蓄水层对土壤层的水分补给。随后，随着蓄水层水分耗尽，土壤含水量开始随蒸散发逐渐减小。总体上，绿色屋顶土壤含水量模拟结果和试验结果之间的 NSE 在 $0.70\sim0.97$（图 5-5）。结果表明，该模型能够很好地模拟土壤含水量的变化，特别是对带有底部蓄水层的绿色屋顶 GR3 的土壤含水量保持和减小过程的模拟。

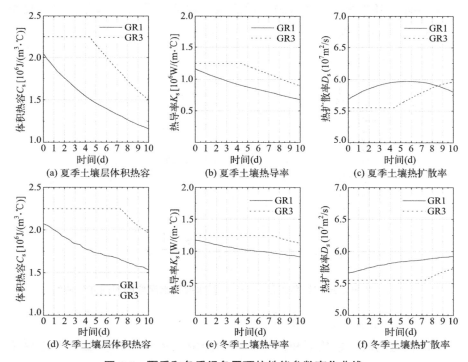

图 5-6　夏季和冬季绿色屋顶热性能参数变化曲线

通过验证和校准后的土壤含水量模拟结果可用于计算土壤层随含水量变化的体积热容和热导率、[式(5-23) 和式(5-24)]。如图 5-6 所示，绿色屋顶土壤层体积热容和热导率随土壤含水量降低而递减。与无蓄水层绿色屋顶（GR1）相比，带有蓄水层的绿色屋顶（GR3）土壤层具有更高的体积热容和热导率。与土壤含水量一致，由于绿色屋顶 GR3 底部蓄水层水分补给，其土壤体积热容和热导率在初始阶段保持了较高水平。与夏季相比，土壤层在冬季具有更高的体积热容和热导率。此外，绿色屋顶土壤层的热扩散率随含水量降低而逐渐增加 [图 5-6(c) 和图 5-6(f)]。整体上，绿色屋顶 GR1 土壤层的热扩散率大多高于 GR3，土壤层的热扩散率介于 (5.5～6.0)×10^{-7} m^2/s。同时，对于带底部蓄水层的绿色屋顶 GR3，随蒸散发变化的底部蓄水层蓄水深度可以通过水量平衡简化模型获得。如图 5-7 所示，在干旱期，GR3 蓄水层蓄水深度随蒸散发逐渐降低直到水分耗尽（夏季4.5 天，冬季 7.5 天）。

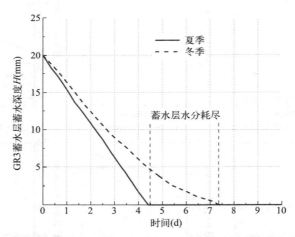

图 5-7　带蓄水层的绿色屋顶（GR3）蓄水层蓄水深度随时间变化曲线

2）绿色屋顶热传导性能

试验监测的气象数据和计算获得的蒸散发率被用作模型的上边界条件输入。试验监测的混凝土下表面温度作为模型的下边界条件。初始条件为试验监测的绿色屋顶不同结构层的温度曲线。考虑含水量变化对土壤层热性能参数的影响。通过有限差分法求解热传导方程计算绿色屋顶不同结构层的温度变化过程。如图 5-8 和图 5-9 所示，绿色屋顶土壤表面、土壤中部和混凝土上表面的温度变化曲线与试验结果基本一致。在夏季和冬季，绿色屋顶 GR1 不同结构层温度变化的模拟结果和试验结果之间的 NSE 为 0.83～0.94（图 5-8）。与 GR1 相比，GR3 需要考虑蓄水层中蓄水深度变化对热传导过程的影响。如图 5-9 所示，GR3 不同结构层温度变化的模拟结果和试验结果之间的 NSE 为 0.72～0.97。结果表明，绿色屋顶不同结构层随时间变化的温度曲线与试验结果吻合较好。模拟结果能够较好地反映绿色屋顶不同结构层温度的昼夜波动变化，并能够较好地模拟传统绿色屋顶和带蓄水层的绿色屋顶的热传导过程。

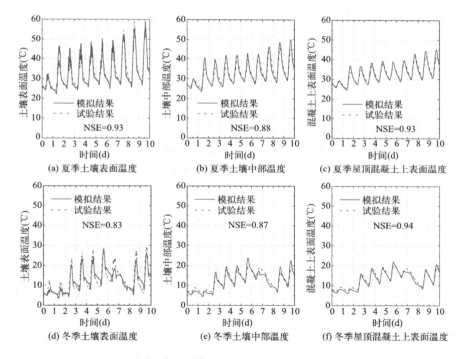

图 5-8　夏季和冬季传统绿色屋顶（GR1）不同结构层
温度模拟结果与试验结果比较

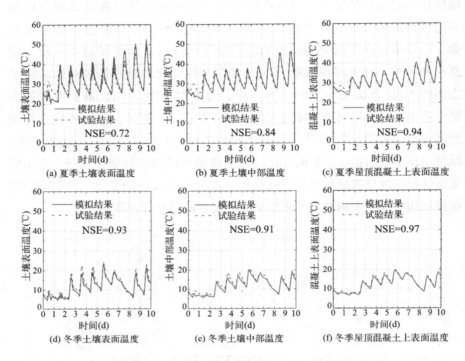

**图 5-9　夏季和冬季蓄水层绿色屋顶（GR3）不同结构层
温度模拟结果与试验结果比较**

3）普通屋顶热传导性能

试验监测了普通屋顶的混凝土上表面温度、下表面温度和室内温度。与绿色屋顶相比，在普通屋顶上考虑了 XPS 保温隔热层对热传导过程的影响。在模拟普通屋顶不同结构层温度变化曲线时，以试验监测的室内温度作为下边界输入。如图 5-10 所示，混凝土上表面和下表面温度的模拟结果与试验结果的 NSE 为 0.58～0.84。与已有研究相比，NSE 为 0.58，处于中等水平[65,147]。结果表明，模拟结果能够较好地反映普通屋顶的热传导过程，以及普通屋顶不同结构层温度随时间的起伏变化。

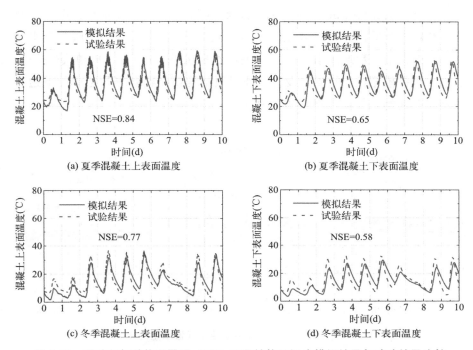

图 5-10　夏季和冬季普通屋顶（BR）不同结构层温度模拟结果与试验结果比较

5.5　一体化绿色屋顶结构及水热运移模拟分析

如图 5-11 所示，为了比较普通屋顶、传统绿色屋顶和一体化绿色屋顶结构之间的热性能差异，本研究以华南地区某建筑屋顶结构配置为参考，应用水分运移耦合模型对三种不同屋顶结构配置的热性能进行数值模拟。其中，普通屋顶结构（BR＋XPS）主要包括 100mm 屋顶混凝土结构板、40mmXPS 保温隔热层（简称 XPS 层）和 40mm 混凝土保护层［图 5-11 (a)］。传统绿色屋顶结构（GR＋XPS）考虑在既有普通屋顶结构上建设绿色屋顶，其结构配置主要包括 100mm 屋顶混凝土结构板、40mmXPS 层、40mm 混凝土保护层、25mm 排水层、100mm 土壤层和植被层［图 5-11 (b)］。一体化绿色屋顶结构（IGR）主要包括 100mm 屋顶混凝土结构板、

25mm 排水层、100mm 土壤层和植被层［图 5-11(c)］。屋顶结构配置涉及
材料热性能参数由模型试验校准获得（表 5-1～表 5-3），土壤层与含水量
有关的热性能参数通过水量平衡模型和经验公式［式（5-23）和式（5-24）］
获得。根据模型试验结果，设置三种屋顶结构模型在夏季和冬季的下边界
条件（及初始条件）分别为 25℃和 10℃。

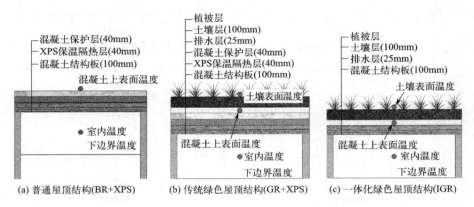

图 5-11　三种不同屋顶结构配置示意图

　　在夏季和冬季三种不同屋顶结构配置剖面温度随时间变化三维图如图
5-12 所示。整体上，三种屋顶结构不同结构层温度呈日周期性变化，即最
高温度出现在日间，而夜间温度最低。屋顶结构温度在日间随深度增加
（从上至下）而显著降低，而夜间温度随深度增加而上升。三种屋顶结构
在夏季的整体温度和日温差变化远大于冬季。在夏季，普通屋顶表面温度
峰值可达 54℃（第 4 天），表面温度峰值通过混凝土保护层和 XPS 保温隔
热层传递到屋顶混凝土结构板上表面被削减了约 12℃；在冬季，混凝土保
护层和 XPS 保温隔热层对普通屋顶表面温度峰值削减了约 6℃［图 5-12
(a) 和图 5-12(b)］。夏季传统绿色屋顶与一体化绿色屋顶结构剖面温度没
有显著差异，冬季一体化绿色屋顶结构剖面温度整体高于传统绿色屋顶
［图 5-12(c)～图 5-12(f)］。相比于普通屋顶剖面温度，传统绿色屋顶和一
体化绿色屋顶结构均显著降低了其日间峰值温度。绿色屋顶植被层、土壤
层和排水层对屋顶结构日间温度削减具有显著影响。绿色屋顶剖面温度分

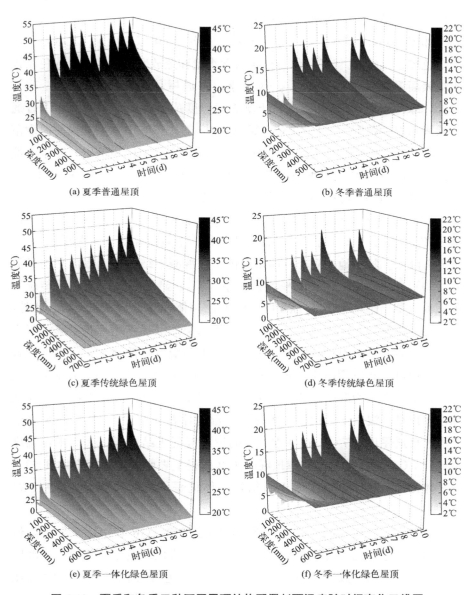

(a) 夏季普通屋顶　　　　　　　　　　　(b) 冬季普通屋顶

(c) 夏季传统绿色屋顶　　　　　　　　　　(d) 冬季传统绿色屋顶

(e) 夏季一体化绿色屋顶　　　　　　　　　(f) 冬季一体化绿色屋顶

图 5-12　夏季和冬季三种不同屋顶结构配置剖面温度随时间变化三维图

布表明，绿色屋顶日间主要向外界吸收热量而发挥阻热作用，夜间则类似于向上、下结构层释放热量的热源。

如图 5-13（a）和图 5-13（b）所示，由于一体化绿色屋顶（IGR）与传统绿色屋顶（GR）气候条件、土壤层含水量和蒸散发一致，两个绿色屋顶土壤表面温度没有显著差异。在夏季，普通屋顶表面温度范围在 16～55℃，绿色屋顶（GR 和 IGR）土壤表面温度范围在 21～52℃。冬季普通屋顶表面温度范围为−1～22℃，绿色屋顶（GR 和 IGR）土壤表面温度范围为 2～24℃。相比于普通屋顶（BR），绿色屋顶（GR 和 IGR）夏季土壤表面平均温度和峰值温度分别降低 3℃和 13℃，绿色屋顶（GR 和 IGR）冬季土壤表面平均温度和峰值温度均上升 2℃。

如图 5-13（c）和图 5-13（d）所示，相比于普通屋顶表面温度（平均温度 33℃），夏季一体化绿色屋顶混凝土结构板上表面温度（平均温度 29℃）被显著降低。特别地，夏季一体化绿色屋顶混凝土结构板上表面平均日温差（29℃）比普通屋顶表面平均日温差（9℃）显著降低 20℃，而传统绿色屋顶混凝土结构板上表面平均日温差比一体化绿色屋顶低 4℃。此外，一体化绿色屋顶通过植被层、土壤层和排水层的隔热作用，其夏季混凝土结构板上表面平均温度降低到 29℃，平均峰值温度降低到 34℃。然而，普通屋顶通过 40mm 混凝土保护层和 40mm XPS 层的隔热作用，夏季混凝土结构板上表面平均温度降低到 32℃，平均峰值温度降低到 41℃。即一体化绿色屋顶夏季混凝土结构板一体化平均温度比普通屋顶低 3℃，平均峰值温度比普通屋顶低 7℃。在冬季，普通屋顶混凝土结构板上表面平均温度增加到 7℃，而一体化绿色屋顶混凝土结构板上表面平均温度增加到 9℃。即一体化绿色屋顶冬季混凝土结构板一体化平均温度比普通屋顶（BR）高 2℃。

如图 5-13（e）和图 5-13（f）所示，绿色屋顶（GR 和 IGR）显著降低了室内日温差变化。与普通屋顶相比，夏季一体化绿色屋顶室内平均温度和温度峰值分别降低约 1℃和 3℃，而冬季一体化绿色屋顶室内平均温度比普通屋顶提高 1℃。与传统绿色屋顶相比，由于一体化绿色屋顶在绿色屋顶结构层与混凝土结构板之间缺少了混凝土保护层和 XPS 层，夏季一体化

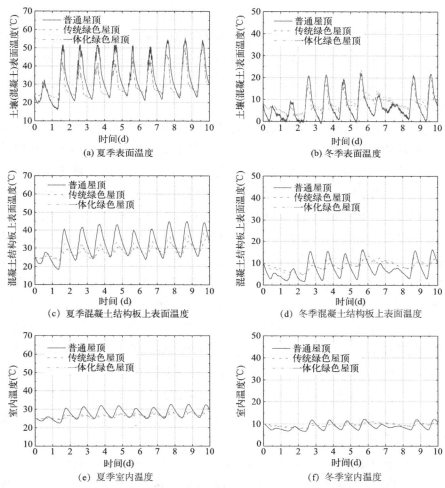

(a) 夏季表面温度　　　　　(b) 冬季表面温度

(c) 夏季混凝土结构板上表面温度　　　(d) 冬季混凝土结构板上表面温度

(e) 夏季室内温度　　　　　(f) 冬季室内温度

图 5-13　普通屋顶（BR）、传统绿色屋顶（GR）和一体化绿色屋顶（IGR）在夏季和冬季不同结构层温度变化曲线

绿色屋顶混凝土结构板上表面和室内平均温度均高于传统绿色屋顶（<1℃），而冬季没有显著差异。已有研究表明，绿色屋顶混凝土结构板上表面温度在夏季处在一个相对温和变化范围（即 9~19℃）[58]，夏季绿色屋顶混凝土结构板平均温度降低 2.9℃[84]；在墨西哥，绿色屋顶室内平均温度比普通屋顶低 4℃[148]。类似地，绿色屋顶冬季室内平均温度比普

117

通屋顶提高约 0.44℃[149]，冬季绿色屋顶的热量损失比普通屋顶减少 5%～20%[150]。结果表明，夏季绿色屋顶对混凝土结构板上表面温度的削减作用远高于普通屋顶混凝土保护层和 XPS 保温隔热层，绿色屋顶具有较好的隔热性能；而冬季绿色屋顶对混凝土结构板上表面温度的保温作用高于普通屋顶。

由于绿色屋顶表面太阳反射率远大于普通屋顶混凝土表面，绿色屋顶表面吸收的太阳辐射能小于普通屋顶；此外，绿色屋顶表面还通过蒸散潜热消耗热能。因此，一体化绿色屋顶夏季土壤表面平均温度低于普通屋顶约 4℃，平均日温差降低约 20℃。与普通屋顶混凝土保护层和 XPS 保温隔热层相比，一体化绿色屋顶结构层对热能的削减作用更大，一体化绿色屋顶夏季混凝土结构板上表面平均温度低于普通屋顶 3℃。由于绿色屋顶植被层、土壤层和排水层较好的隔热性能，以至于在混凝土结构板与绿色屋顶排水层之间增加混凝土保护层和保温隔热层并没有获得更大的阻热性能（夏季混凝土结构板上表面和室内平均温度相差小于 1℃）。已有研究表明，绿色屋顶与普通屋顶混凝土结构板上表面温度相差超过 30℃[58]。绿色屋顶植被层和土壤层（100mm）的保温隔热性能相当于 80～90mm XPS 层的保温隔热性能[65]。因此，一体化绿色屋顶保温隔热性能优于普通屋顶混凝土保护层和 XPS 保温隔热层，开展一体化绿色屋顶建设具有替代传统 XPS 保温隔热层和混凝土保护层的潜力，从而有益于降低绿色屋顶建设成本和屋面荷载。

根据华南地区某建设项目屋面防水、保温隔热、保护层及绿色屋顶工程设计，结合建设工程造价信息，对普通屋顶（BR）、传统绿色屋顶（GR）及一体化绿色屋顶（IGR）建设成本预算见表 5-4。与普通屋顶（BR）保温隔热层和保护层建设成本相比，传统绿色屋顶（GR）在既有屋面安装绿色屋顶需要增加 103 元/m² 建设成本，而一体化绿色屋顶（IGR）甚至降低了约 10 元/m² 建设成本。此外，若普通屋顶（BR）铺装地砖面层，还需要额外增加约 102 元/m² 的建设成本，而这在一体化绿色屋顶（IGR）建设中完全可以避免。相比于传统绿色屋顶（GR），一体化绿色屋顶（IGR）减少了 XPS 保温隔热层和混凝土保护层的使用，能够有效降低约 112 元/m² 建设成本。由于减少了混凝土保护层的使用，一体化绿色屋顶（IGR）可以有效减小屋面荷载约 $1.6 kN/m^2$。

普通屋顶（BR）、传统绿色屋顶（GR）及一体化绿色屋顶

（IGR）建设成本分析（综合单价：元/m^2） 表 5-4

屋顶类型	防水卷材	40mm XPS保温隔热层	40mm混凝土保护层	防水卷材	塑料排水板	土工布	100mm土壤层	植被层	合计
普通屋顶(BR)	45	30	37	—	—	—	—	—	112
传统绿化屋顶(GR)	45	30	37	45	16	7	5	30	215
一体化绿色屋顶(IGR)	45	—	—	—	16	7	5	30	103

5.6 不同结构配置绿色屋顶水热运移规律模拟分析

5.6.1 不同土壤层深度的绿色屋顶水热运移规律

如图 5-14 所示，绿色屋顶土壤含水量随着蒸散发的进行而逐日降低，夏季土壤含水量随蒸散发消耗高于冬季，因此，夏季土壤含水量整体低于冬季。在 10 天的干旱期，随着土壤深度从 100mm 增加到 200mm，夏季和冬季土壤含水量分别提高 $0.08 mm^3/mm^3$ 和 $0.06 mm^3/mm^3$；土壤深度从 200mm 增加到 300mm，夏季和冬季土壤含水量分别提高 $0.04 mm^3/mm^3$ 和 $0.03 mm^3/mm^3$。即随着土壤深度的增加，土壤含水量变化差异逐渐缩小。土壤深度为 100mm 的绿色屋顶随时间变化的剖面温度三维图如图 5-12（e）所示，在夏季连续 10 天晴天中，由于土壤层含水量和蒸散发减少，绿色屋顶土壤表面温度逐日上升，从第 8 天（含水量 $<0.15 mm^3/mm^3$）开始呈快速递增趋势。类似地，冬季绿色屋顶土壤表面温度峰值也随土壤含水量的降低大致呈递增趋势 [图 5-12（f）]。这可能与绿色屋顶土壤表面蒸散潜热和含水量有关的体积热容降低有关。

与 100mm 土壤深度的绿色屋顶相比，200mm 和 300mm 土壤深度的绿色屋顶在夏季通过土壤层对温度的削减具有显著影响（图 5-15）。随着土壤层深度的增加，绿色屋顶混凝土结构板和室内日温差变化显著降低。在夏季，100mm 土壤深度、200mm 土壤深度和 300mm 土壤深度的绿色屋顶土壤表面平

均温度分别为 30℃、28℃和 27℃，而冬季土壤表面平均温度没有显著差异。

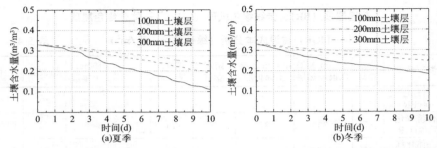

图 5-14 不同土壤深度（100mm、200mm 和 300mm）绿色屋顶土壤含水量变化过程

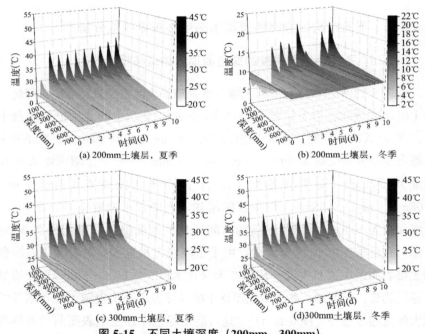

图 5-15 不同土壤深度（200mm、300mm）
绿色屋顶和屋顶结构剖面温度随时间变化过程

通过绿色屋顶植被层、土壤层和排水层，夏季三个不同土壤深度（100mm、200mm 和 300mm）绿色屋顶混凝土结构板上表面平均温度分别降低至 29℃、27℃和 26℃，室内平均温度分别降低至 27℃、26℃和 25℃（图

5-16)。随着土壤层深度的增加，绿色屋顶室内平均温度均降低约 1℃。土壤层深度从 100mm 增加到 200mm，土壤表面平均温度降低约 2℃；而土壤层深度从 200mm 增加到 300mm，土壤表面平均温度约降低 1℃。即绿色屋顶土壤层深度超过 200mm 后，增加土壤层深度对绿色屋顶土壤表面温度和混凝土结构板上表面温度的削减作用有所降低。应该指出的是，绿色屋顶在冬季较高温度（如大于 10℃）下仍表现为降低混凝土结构板上表面温度和室内温度的隔热作用（即外部温度高于内部温度），而在较低温度（如小于 10℃）下则表现为提高混凝土结构板上表面温度和室内温度的保温作用（即内部温度高于外部温度），且这种隔热和保温作用随土壤层深度的增加而增大。

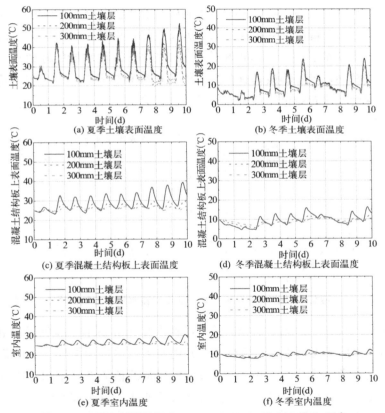

图 5-16　不同土壤深度（100mm、200mm 和 300mm）绿色
屋顶土壤表面温度、混凝土结构板上表面温度和室内温度

5.6.2 不同蓄水层深度的绿色屋顶水热运移规律

为进一步探讨不同蓄水层深度绿色屋顶的热传导过程，本研究基于上述已验证和校准的水热运移模型对 25mm 排水层、25mm 蓄水层和 50mm 蓄水层绿色屋顶（土壤深度 100mm）水热运移过程进行模拟。如图 5-17 所示，由于蓄水层对上层土壤的水分补给，带蓄水层的绿色屋顶土壤层整体保持较高的含水量水平（0.33mm³/mm³），并在蓄水层水分耗尽后土壤含水量逐渐降低。此外，绿色屋顶蓄水层蓄水深度随着蒸发逐渐降低，25mm 蓄水深度在夏季经过约 5.5 天干旱期耗尽蓄水层水分，而在冬季 25mm 蓄水深度大约需要 9 天时间才能耗尽蓄水层水分。在经过 10 天的干旱期中，50mm 蓄水深度在夏季几乎蒸发耗尽，而冬季仍有约 25mm 蓄水深度。与无蓄水层的绿色屋顶相比（图 5-14），带蓄水层的绿色屋顶表面蒸散潜热较高，且土壤层具有较高的体积热容和热导率，并需要考虑蓄水层蓄水深度变化对绿色屋顶热传导过程的影响。

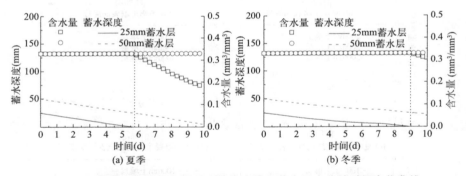

图 5-17 带蓄水层的绿色屋顶土壤含水量和蓄水层水分随时间变化曲线

如图 5-18(a) 和图 5-18(c) 所示，夏季 25mm 蓄水层绿色屋顶剖面温度分布整体低于无蓄水层绿色屋顶，并随着蓄水深度增加到 50mm 而显著降低。应该指出的是，25mm 蓄水层绿色屋顶峰值温度随蓄水层水分耗尽而逐日递增，而在蓄水层耗尽前保持在较低水平。这可能与绿色屋顶蓄水层保持土壤层较高的含水量和蒸散发速率有关，因为土壤层较大的含水量意味着较大的体积热容，土壤层较高的蒸散发速率意味着较大的潜热消耗。类似地，冬季带蓄水层的绿色屋顶峰值温度显著低于无蓄水层绿色屋顶，而 25mm 蓄水层和 50mm 蓄水层绿色屋顶在冬季的剖面温度没有显著差异［图 5-18(b) 和图 5-18(d)］。

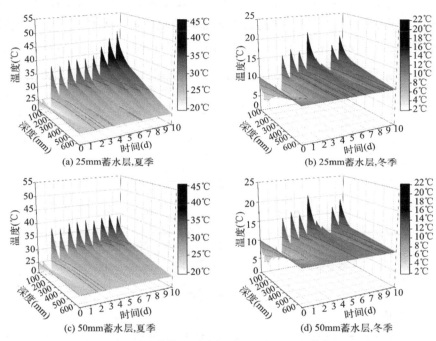

(a) 25mm蓄水层,夏季　　(b) 25mm蓄水层,冬季

(c) 50mm蓄水层,夏季　　(d) 50mm蓄水层,冬季

图 5-18　不同蓄水层深度（25mm 和 50mm 蓄水层）
的绿色屋顶剖面温度随时间变化过程

如图 5-19 所示，随着蓄水层深度增加（0～50mm），绿色屋顶土壤表面温度、混凝土结构板上表面温度和室内温度均有不同程度的削减。带蓄水层的绿色屋顶（25mm、50mm）土壤表面温度整体低于无蓄水层绿色屋顶，这主要与带蓄水层的绿色屋顶较大的蒸散潜热消耗有关。与无蓄水层绿色屋顶相比，夏季 25mm 和 50mm 蓄水层绿色屋顶土壤表面平均温度分别降低 2℃和 3℃，而峰值温度分别降低 4℃和 12℃。25mm 蓄水层绿色屋顶土壤表面峰值温度较低的削减率主要与后期蓄水层水分耗尽引起的峰值温度逐日增加有关。通过绿色屋顶植被层、土壤层和蓄（排）水层对热能

的吸收和削减，混凝土结构板上表面温度显著降低。不同蓄（排）水层深度绿色屋顶混凝土结构板上表面平均温度分别降低到29℃、28℃和27℃，室内平均温度分别降低到27℃、26℃和25℃。在冬季，不同蓄（排）水层深度绿色屋顶土壤表面、混凝土结构板上表面和室内平均温度没有显著差异（小于1℃）；而混凝土结构板上表面峰值温度随蓄水层的增加而递减，分别为26℃、24℃和22℃［图5-19(b)、图5-19(d) 和图5-19(f)］。

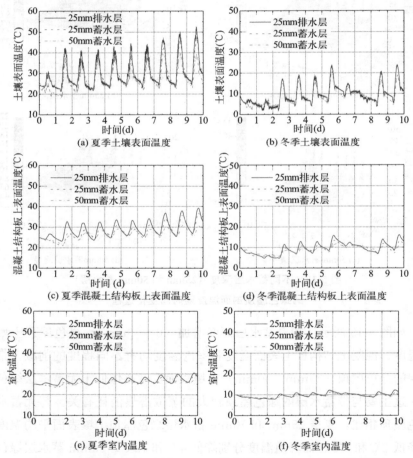

图 5-19　不同蓄（排）水层（25mm 排水层和 25mm、50mm 蓄水层）
绿色屋顶土壤表面温度、混凝土结构板上表面温度和室内温度

5.7　本章小结

本章基于水量平衡方程与能量平衡方程和热传导方程耦合构建绿色屋顶水热运移模型，并采用全隐式有限差分法对模型进行求解。通过 2 个绿色屋顶和 1 个普通屋顶在夏季和冬季为期 10 天的模型试验结果对模拟结果进行验证。随后，结合华南地区某项目屋顶结构设计参数对比分析普通屋顶（BR）、传统绿色屋顶（GR）和一体化绿色屋顶（IGR）的热传导性能。进一步探讨不同土壤层深度和蓄水层深度对绿色屋顶热传导过程的影响规律。主要研究结论如下：

（1）考虑绿色屋顶土壤水分和蓄水层蓄水对绿色屋顶热传导过程的影响，提出了基于水量平衡简化模型与热传导方程耦合的绿色屋顶水热运移耦合模型，并通过有限差分法对绿色屋顶水热运移耦合模型进行求解。绿色屋顶不同结构层（土壤表面、土壤中部、混凝土结构板上表面）温度在夏季和冬季随时间变化的模拟结果与试验结果具有较好的一致性，纳什系数 NSE 在 0.72～0.97。该模型能够较好地模拟传统绿色屋顶、带蓄水层的绿色屋顶和普通屋顶的热传导过程。

（2）普通屋顶与绿色屋顶不同结构层剖面温度呈日周期性变化，即日间温度最高，而夜间温度最低。相比于普通屋顶剖面温度，绿色屋顶植被层、土壤层和排水层对屋顶结构日间温度削减具有显著影响。从绿色屋顶剖面温度分布发现，绿色屋顶日间主要向外界吸收热量而发挥阻热作用，夜间则类似于向上、下结构层释放热量的热源。

（3）绿色屋顶通过提高表面反射率和增加蒸散潜热可以有效降低其土壤表面温度。与普通屋顶相比，绿色屋顶夏季土壤表面平均温度降低 4℃。一体化绿色屋顶（IGR）植被层、土壤层和排水层比普通屋顶混凝土保护层和 XPS 保温隔热层对热能的削减作用更大，一体化绿色屋顶（IGR）夏季混凝土结构板上表面平均温度低于普通屋顶 3℃，室内平均温度降低约 1℃。开展一体化绿色屋顶（IGR）建设具有替代传统 XPS 保温隔热层和混凝土保护层的潜力。

（4）一体化绿色屋顶（IGR）能够有效降低绿色屋顶建设成本和屋面荷载。与普通屋顶保温隔热层和混凝土保护层建设成本相比，一体化绿色屋顶（IGR）甚至降低约 10 元/m² 建设成本。相比于传统绿色屋顶（GR），一体化绿色屋顶（IGR）减少了 XPS 保温隔热层和混凝土保护层使用，能够有效降低约 112 元/m² 建设成本。由于减少了混凝土保护层的使用，一体化绿色屋顶（IGR）可以有效减小屋面荷载约 1.6kN/m²。

（5）绿色屋顶土壤表面温度随土壤含水量（小于 0.15mm³/mm³）和蒸散发减少而逐日上升。增加土壤层深度可以在一定程度上提高绿色屋顶土壤层含水量和蒸散潜热，从而有效降低绿色屋顶土壤层表面温度。增加土壤层深度（100mm、200mm 和 300mm）能够显著提高绿色屋顶夏季的阻热性能，绿色屋顶夏季土壤表面和混凝土结构板上表面平均温度均分别降低 2℃和 1℃，室内平均温度均分别降低 1℃；而冬季绿色屋顶各结构层平均温度没有显著差异。此外，绿色屋顶在冬季较高温度（如大于 10℃）下仍表现为降低其各结构层温度的隔热作用，而在较低温度（如小于 10℃）下则表现为提高各结构层温度的保温作用，且这种隔热和保温作用随土壤层深度的增加而增大。

（6）增加绿色屋顶底部蓄水层能够有效提高土壤层含水量和蒸散潜热，从而有效降低绿色屋顶土壤表面温度。与无蓄水层绿色屋顶相比，25mm 蓄水层绿色屋顶夏季土壤表面平均温度降低 2℃。类似地，随着蓄水层水分耗尽，绿色屋顶土壤表面温度逐日递增，这可能与绿色屋顶土壤含水量和蒸散潜热降低有关。随着蓄水层深度增加（0~50mm），绿色屋顶混凝土结构板上表面平均温度均降低 1℃，室内平均温度均降低 1℃。在冬季，不同蓄（排）水层深度绿色屋顶土壤表面、混凝土结构板上表面和室内平均温度没有显著差异（小于 1℃）。与增加土壤层深度相比，增加 25mm 底部蓄水层（100mm 土壤层）的绿色屋顶，其夏季的阻热性能相当于 200mm 土壤层绿色屋顶。

第6章 绿色屋顶工程应用研究

6.1 概述

在海绵城市建设中，在密集的城市区域新增海绵城市设施（如雨水花园、下沉式绿地、人工湿地等）需要面临城市可利用土地资源的制约。而大面积的建筑屋顶可用于覆土绿色屋顶建设，这为海绵城市建设拓展了可利用空间和城市雨水管理能力。已有文献对绿色屋顶的水文性能进行了广泛研究，包括径流削减率、径流峰值削减和峰值延迟等。然而，这些研究主要是基于绿色屋顶模型试验和数值模拟的研究，关于不同类型绿色屋顶建设对区域性径流削减性能的影响研究尚缺乏有力的数据支撑，特别是带蓄水层的绿色屋顶对区域性水文性能的影响研究尚不清楚。

在绿色屋顶热性能研究中，绿色屋顶主要通过表面反射太阳辐射、植被蒸腾和土壤蒸发，以及土壤和蓄（排）水层的阻热来发挥其保温隔热作用。关于绿色屋顶热性能的建模和定量评估中，已有研究缺乏对土壤含水量在热特性参数影响中的考虑，且对绿色屋顶热性能模拟大多仅模拟了建筑物外部温度（土壤层或植被层温度）而不是室内温度。此外，通过建筑能耗模拟软件对绿色屋顶建筑能耗的模拟缺乏对绿色屋顶节能降碳效益的研究。

本章在西南地区选择某城市（海绵城市建设试点城市）规划在建项目作为研究区域，将蓄水层绿色屋顶技术应用于研究区域，并与传统绿色屋顶建设作对比研究，且对研究区域绿色屋顶水热运移特性进行现场监测。通过水量平衡概念模型对蓄水层绿色屋顶和传统屋顶的水文性能进行模拟，最后将模拟结果应用于不同类型绿色屋顶对区域径流削减性能的影响研究。此外，基于水热耦合模型，本章对研究区域建筑屋面和不同结构配置绿色屋顶的水热耦合运移过程进行模拟，结合 EnergyPlus 软件对普通屋顶和绿色屋顶的能耗进行对比分析。其目的在于探讨不同结构配置绿色屋顶对研究区域径流削减性能的贡献，以及评估绿色屋顶在研究区域的节能降耗潜力。

6.2 工程概况及现场监测方案

6.2.1 工程概况

项目位于西南地区某海绵城市建设试点城市（图 6-1），该区域属于亚热带湿润温和型气候，雨量充沛，湿度较大。近 10 年的年平均气温为 15℃，年均降雨量为 1178mm，最大日降雨量为 273mm，年均蒸发量为 1228mm。该项目属于海绵城市专项规划，项目总占地面积 3.24hm²，项目规划年径流控制率目标为 78%。其中，绿化面积 9474m²（占 29%），屋面面积 10292m²（占 32%），车行道 4523m²（占 14%），人行道 8123m²（占 25%）（表 6-1）。

图 6-1 项目设计效果图

项目区域下垫面类型及面积占比   表 6-1

下垫面类型	绿化	屋面	车行道	人行道	合计
面积(m²)	9474	10292	4523	8123	32412
比例(%)	29	32	14	25	100

在传统建设模式下，建筑屋面雨水径流通过屋顶边沟收集到雨水斗，再通过立管排入建筑散水沟后排入小区内部雨水系统。场地雨水径流通过道路雨水汇流至道路边缘低标高处雨水边沟，而后排入小区雨水管网，最后汇流排入市政雨水管网系统。根据该海绵城市专项规划提出的年径流控制率78％的总目标，结合项目内下垫面类型、地形地貌、雨水管网布置及景观工程布置等现状实际情况，项目选取了绿色屋顶、透水铺装、下沉式绿地、雨水花园、雨水回用池等海绵城市设施组合设计方案（图6-2）。通过在建筑周边设置线性排水沟（或植草沟）收集屋面及建筑周边场地雨水，进入绿化区域内设置的雨水花园进行处理，雨水花园溢流进入小区雨水管网，项目规划雨水花园面积为1600m^2，设计雨水花园蓄水层深度为250mm。此外，硬质铺装区域改为透水砖铺装，车行道采用透水混凝土铺装，道路雨水通过道路雨水口或雨水花园进入雨水管网，最后收集到末端埋地式雨水回用池进行处理，项目设计雨水回用池容积为120m^3。雨水容量超出雨水回用池容积后进入市政雨水管网，而雨水回用池储水可在干旱期用于小区内绿化灌溉。

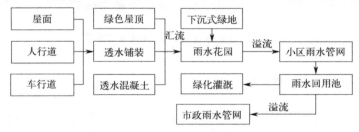

图6-2　项目区域海绵城市建设工程设计径流组织方式

设计绿色屋顶采用传统绿色屋顶技术建设方式，其结构配置包括植被层、土壤层、过滤土工布、排水层、防水阻根层。屋面用砖砌筑300mm高隔离墙以安装绿色屋顶。屋面铺设耐根穿刺防水卷材，安装50mm深度带凹槽的塑料排水板（长×宽为500mm×500mm）和土工布（图6-3）。土壤层选择当地耕植土，覆土深度为200mm。植被层选择抗旱、抗病虫害和耐水性强的结缕草覆盖。

| (a) 建筑屋面 | (b) 排水板及土工布 |
| (c) 种植土 | (d) 结缕草 |

图 6-3　建筑屋面及绿色屋顶结构配置

6.2.2　现场监测方案

在项目海绵城市建设专项中采用的传统绿色屋顶基础上，本研究增加带 50mm 蓄水层的绿色屋顶和普通屋顶进行水热运移特性对比分析（表 6-2）。其中，绿色屋顶水热运移监测点选择在项目研究区域一栋五层建筑的两个不同房间屋顶，分别安装 50mm 蓄水层绿色屋顶（6m×12m）和传统绿色屋顶（50mm 排水层）；普通屋顶选择在另一栋五层建筑未安装绿色屋顶区域（3m×4m）进行监测（图 6-4）。如图 6-5 所示，在安装绿色屋顶前，首先在建筑屋顶混凝土保护层上表面安装温度传感器。随后在绿色屋顶安装区域砌筑 300mm 隔离墙围挡，蓄水层绿色屋顶与传统绿色屋顶之间通过隔离墙分隔。在混凝土保护层上表面安装耐穿刺防水卷材，并对蓄水层绿色屋顶隔离墙进行防水处理［图 6-5（a）和图 6-5（b）］。两种绿色屋顶类型均采用 50mm 厚塑料排水板作为蓄（排）水层，在传统绿色屋顶隔离墙底部设置直径为 30mm 的排水口，而蓄水层绿色屋顶在隔离墙 50mm 高度位置设置直径为 30mm 的排水口提供底部蓄水空间。蓄（排）水板上部铺设土工布以防止上部土壤流失。绿色屋顶采用项目区域附近的耕植土进行覆土回填，土壤层深度均为 200mm，最后种植结缕草覆盖。绿色屋顶建设初期每间隔 3～5 天进行一次浇灌，并在植被种植 1 个月后开始采集现场试验数据。同时，通过现场取土制样测试覆土土壤相关水力参数，如表 6-3 所示。

绿色屋顶类型及其结构配置   表 6-2

绿色屋顶类型	蓄（排）水层		土壤层深度（mm）	植被层
	深度（mm）	蓄水能力（mm）		
传统绿色屋顶（GR50）	50	10	200	结缕草
蓄水层绿色屋顶（GRW50）	50	50	200	结缕草

绿色屋顶土壤相关水力参数   表 6-3

土壤类型	干密度（g/cm³）	饱和含水量（mm³/mm³）	持水能力（mm³/mm³）	饱和导水率（mm/min）
耕植土	1.2	0.55	0.46	3

图 6-4 蓄水层绿色屋顶、传统绿色屋顶与普通屋顶现场监测布置图

(a) 50 mm蓄水层绿色屋顶监测点

(b) 传统绿色屋顶监测点

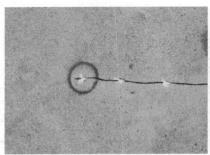
(c) 普通屋顶及RT-1温度传感器安装

(d) 土壤表面温度监测

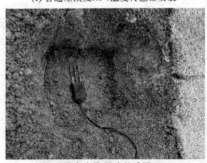
(e) 土壤含水量/温度传感器(5TE)

(f) 微型气象站(ATMOS-41)及数据采集仪(ZL6)

图 6-5　绿色屋顶水热运移现场监测及设备

在绿色屋顶土壤层（从上至下）50mm、100mm 和 150mm 处分别安装 5TE 含水量/温度传感器。在绿色屋顶土壤层中部（100mm 深度）分别安装一个 T21 基质吸力传感器。土壤表面、屋顶混凝土保护层上表面和室内屋顶结构板下表面分别安装 RT-1 温度传感器。微型气象站安装在传统绿色屋顶旁，与绿色屋顶表面垂直距离约 2m。传感器和气象站数据通过 ZL6 数据采集仪收集，每间隔 5 分钟采集一次数据。传感器安装位置如图 6-6 所示。

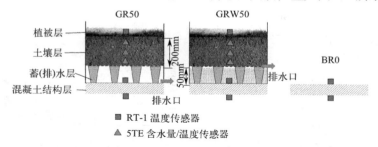

图 6-6　绿色屋顶（GR50、GRW50）及普通屋顶（BR0）传感器安装位置

6.2.3　现场监测期间的气候条件分析

现场监测期间（2021 年 11 月 1 日至 2022 年 10 月 31 日）年累计降雨量为 1254mm，年有效降雨事件（降雨量＞5mm）为 65 次。如图 6-7（a）所示，集中降雨主要发生在 4～7 月，累计降雨量达 769mm，占全年累计降雨量的 61%。集中降雨期间的月平均降雨量达 192mm，月平均降雨时间为 9 天。全年累计降雨量最大的月份出现在 5 月，累计降雨量达 253mm；降雨量最小的月份出现在 12 月，累计降雨量为 28mm，尽管在干旱少雨的冬季，月平均降雨量可达 39mm。如图 6-7（b）所示，降雨量大于 50mm 的降雨事件共有 4 次，主要发生在 5 月、6 月、7 月和 9 月，最大降雨量分别为 63mm、53mm、89mm 和 77mm；降雨量超过 25mm 的降雨事件主要在 3～7 月和 9 月，共 14 次；而监测期间的 11 月、12 月、1 月和 2 月主要为小于 10mm 的小降雨事件。

如图 6-8 所示，现场监测期间的年平均气温为 15℃，夏季平均气温为 24℃，冬季平均气温为 5℃。全年最高气温为 34℃，最低气温为−3℃。现场监测期间的主要气象数据（降雨、温度、太阳辐射、风速和蒸气压）如图 6-9 所示。全年最大瞬时降雨强度可达 115mm/h，夏季高温多雨而冬季低温少雨[图 6-9（a）、图 6-9（b）]。全年太阳辐射强度整体上小于 1000W/m² [图 6-9（c）]。年平均风速为 0.98m/s，最大风速为 7m/s [图 6-9（d）]。

年平均蒸气压为 1.36kPa，全年蒸气压随时间变化趋势大致与气温一致，夏季最高为 2.9kPa，而冬季最低为 0.4kPa[图 6-9(e)]。

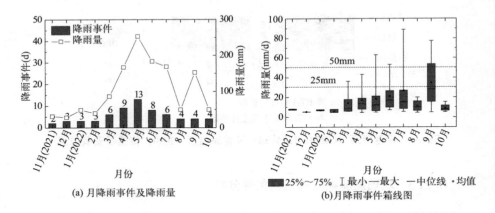

(a) 月降雨事件及降雨量　　　　　　(b)月降雨事件箱线图

图 6-7　现场监测期间月降雨事件及降雨量

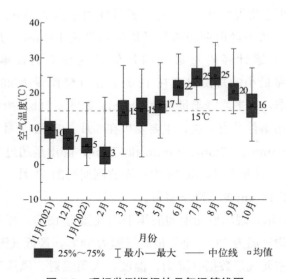

图 6-8　现场监测期间的月气温箱线图

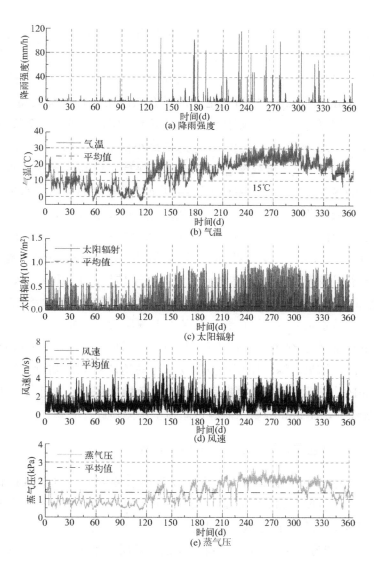

图 6-9 现场监测期间的主要气象数据

6.3 基于水量平衡模型的绿色屋顶水文特性模拟分析

6.3.1 绿色屋顶土壤含水量监测结果分析

本研究取绿色屋顶土壤层不同深度（50mm、100mm、150mm）含水量监测数据的平均值作为土壤层含水量进行分析。如图 6-10(a) 所示，现场监测期间（2021 年 11 月 1 日至 2022 年 10 月 31 日）传统绿色屋顶（GR50）土壤层含水量介于 $0.19\sim0.49mm^3/mm^3$，土壤层最大持水量平均值为 $0.46mm^3/mm^3$。本研究定义两次有效降雨事件（降雨量$\geqslant5mm$）之间的时间间隔为干旱期。则传统绿色屋顶土壤层含水量在一个长达 23 天的干旱期（2022 年 8 月 7 至 29 日）达到最小值 $0.19mm^3/mm^3$。在降雨频繁月份（5—7 月），传统绿色屋顶土壤层保持了较高的含水量水平。尽管在少雨的冬季，传统绿色屋顶土壤层也保持了较高的含水量水平，这可能与冬季较低的蒸散发速率有关。类似地，50mm 蓄水层绿色屋顶土壤层含水量最小值（$0.24mm^3/mm^3$）出现在夏季一个长达 23 天的干旱期 [图 6-10(b)]，土壤层最大持水量平均值为 $0.46mm^3/mm^3$。整体上，50mm 蓄水层绿色屋顶土壤层含水量始终高于传统绿色屋顶，从 2021 年 11 月至 2022 年 7 月，50mm 蓄水层绿色屋顶土壤层含水量始终处于较高水平（最大持水量），并在干旱期推迟了土壤层含水量损失的时间。这主要与 50mm 蓄水层绿色屋顶蓄水层水分在干旱期补给上层土壤水分有关。根据已有研究结果，绿色屋顶植被遭受水分胁迫所对应的临近基质吸力约为 $-300kPa$[133]。在现场监测期间，传统绿色屋顶需要在 2 个干旱期进行 2 次灌溉维护，而 50mm 蓄水层绿色屋顶全年无须进行灌溉（图 6-11）。

6.3.2　绿色屋顶径流削减性能模拟分析

基于水量平衡简化模型，本研究以现场监测期间的气象数据作为输入，对传统绿色屋顶和 50mm 蓄水层绿色屋顶水文性能进行模拟分析。如图 6-12 所示，绿色屋顶土壤层含水量模拟结果与试验结果吻合较好，纳什系数 NSE 分别为 0.88 和 0.49。绿色屋顶土壤层含水量模拟结果能够较好地反映降雨期和干旱期土壤含水量的起伏变化。其中，50mm 蓄水层绿色屋顶土壤层含水量模拟结果能够较好地反映蓄水层在干旱期对上层土壤水分的补给作用。由此，通过现场实测绿色屋顶土壤层含水量结果的校准和验证，土壤层持水量为 $0.46mm^3/mm^3$，种植结缕草的植被系数取 1.0，能够较好地模拟绿色屋顶的水文性能。如图 6-13 所示，在年降雨量为

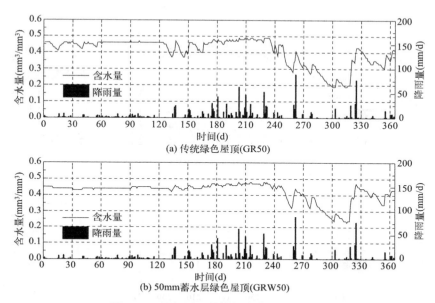

图 6-10　绿色屋顶土壤层含水量变化曲线

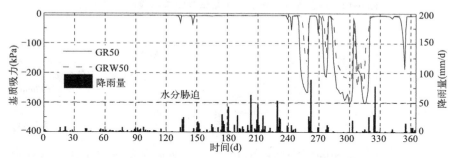

图 6-11　传统绿色屋顶（GR50）和 50mm 蓄水层绿色屋顶
（GRW50）土壤层基质吸力

1254mm 条件下，传统绿色屋顶和 50mm 蓄水层绿色屋顶的年雨水滞留量分别为 522mm 和 677mm，年径流削减率分别为 42% 和 54%。应该指出的是，绿色屋顶累计径流量在雨季（5～7 月）快速上升，雨季累计径流量分别为 444mm 和 409mm，径流削减率仅为 27% 和 33%；而在其余月份，绿色屋顶累计径流量趋于平缓，径流削减率超过 55%。

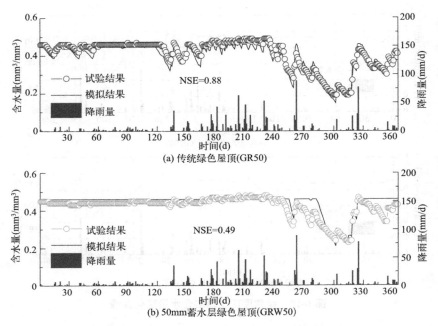

图 6-12　绿色屋顶土壤层含水量试验结果与模拟结果比较

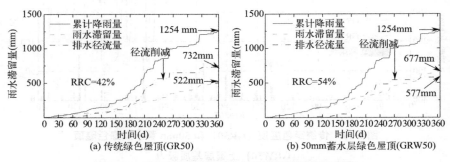

图 6-13　绿色屋顶年降雨量与径流削减量模拟结果

6.3.3　绿色屋顶对区域径流削减性能的影响

本研究采用径流曲线数模型（SCS-CN）模拟项目研究区域不同下垫面的地表径流量。径流曲线数模型是美国农业部土壤保持局开发用于估算不同下垫面覆盖径流量的经验模型。该方法基于水量平衡原理，假设实际入渗量与径流量的比值等于潜在最大入渗量与潜在径流量的比值。其计算所需参数较少，计算过程简单，已在城市径流模拟中得到广泛应用[12]。径流曲线数方程可表示如下[151]：

$$Q = \frac{(P-I_a)^2}{(P-I_a)+S} \tag{6-1}$$

式中，Q 为径流量（mm）；P 为降雨量（mm）；S 为潜在最大入渗量（mm）；I_a 为产生径流前的初始损失量（mm）。

初始损失量 I_a 包括地表积水、植被截流、蒸发和入渗。通常，I_a 与土壤和覆盖物参数有关，并采用如下经验公式计算其近似值：

$$I_a = 0.2S \tag{6-2}$$

将式（6-2）代入式（6-1），则径流曲线数方程可以改写为：

$$Q = \frac{(P-0.2S)^2}{(P+0.8S)} \tag{6-3}$$

潜在最大入渗量 S 通过径流曲线数（runoff curve number，CN）指标进行计算[151]：

$$S = \frac{25400}{CN} - 254 \tag{6-4}$$

CN 值为 0～100 的常数，CN 取值取决于土壤类型、土壤前期湿度和覆盖条件等。根据研究区域土壤类型和下垫面覆盖类型，参照美国农业部土壤保持局提出的径流曲线数 CN 值分配表可得到研究区域不同下垫面类型的 CN 值，如表 6-4 所示。

研究区域不同下垫面类型的 CN 值分配表　　　　表 6-4

下垫面类型	绿化	普通屋面	车行道	人行道铺装	参考文献
CN 值	61	98	98	98	[12]、[151]

通过径流曲线数模型计算得到研究区域不同下垫面类型的年径流量，如图 6-14 所示。整体上，不同下垫面的累计径流量在雨季的 5～7 月快速上升，而在其余月份趋于平缓。根据现场降雨监测进行计算，研究区域范围内的年降雨汇流量可达 40645m³（表 6-5）。通过径流曲线数模型计算得

到年径流量最大的区域为普通屋顶，可达 8328m³；其次是人行道区域，年径流量为 6573m³；年径流量最低的区域为绿化区域，仅为 316m³。此外，不同结构配置绿色屋顶（GR50 和 GRW50）年径流削减量通过水量平衡简化模型计算获得（图 6-13）。如表 6-5 所示，在研究区域安装普通屋顶、传统绿色屋顶和 50mm 蓄水层绿色屋顶的年径流削减率分别为 54%、56% 和 59%。与普通屋顶相比，对研究区域内所有屋面进行覆土安装传统绿色屋顶可减少年径流量 794m³，使得研究区域年径流削减率提高 2%。对研究区域所有屋面进行覆土安装 50mm 蓄水层绿色屋顶可有效减少年径流量 2390m³，使得研究区域年径流削减率提高 5%。应该指出的是，2022年 7 月 20 日一次降雨量为 89mm 的降雨事件中，在安装普通屋顶情况下研究区域的累计径流量可达 2044m³，而安装 50mm 蓄水层绿色屋顶能够有效减少 230m³ 径流量。此外，在 2022 年 9 月 21 日一次降雨量为 77mm的降雨事件中，在安装普通屋顶情况下研究区域的累计径流量可达1734m³，而安装 50mm 蓄水层绿色屋顶能够减少 392m³ 径流量。

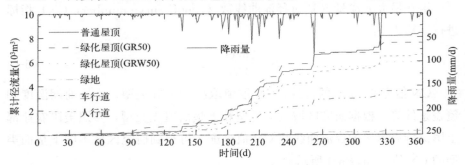

图 6-14　研究区域不同下垫面的年径流量

普通屋顶和绿色屋顶对研究区域年径流削减率的影响　　　　表 6-5

建筑屋面 径流量（m³）	绿地 径流量（m³）	车行道 径流量（m³）	人行道 径流量（m³）	累计 径流量（m³）	降雨 汇流量（m³）	年径流 削减率（%）
普通屋顶 8328				18877		54
绿色屋顶 （GR50） 7534	316	3660	6573	18083	40645	56
绿色屋顶 （GRW50） 5938				16487		59

6.4 基于水热耦合模型的绿色屋顶热性能模拟分析

6.4.1 绿色屋顶与普通屋顶热性能监测结果分析

在现场监测期间（2021年11月1日至2022年10月31日），绿色屋顶（GR50和GRW50）土壤表面温度分别介于—2～58.7℃和—2.4～61℃，全年平均温度分别为17.5℃和17.6℃，全年温差波动较大[图6-15(a)和图6-15(b)]。相比之下，绿色屋顶土壤中部温差波动较小，绿色屋顶（GR50和GRW50）土壤层中部温度分别介于1.3～29.8℃和1.1～30.6℃[图6-15(c)和图6-15(d)]。全年最低温度出现在2月，最高温度出

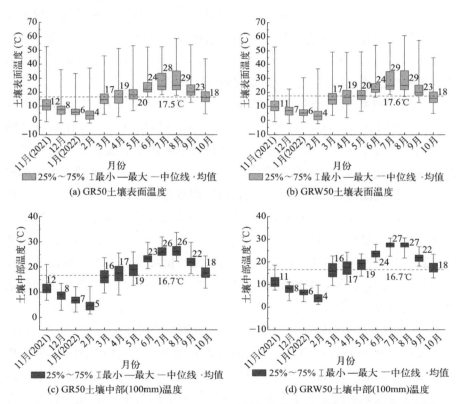

(a) GR50土壤表面温度

(b) GRW50土壤表面温度

(c) GR50土壤中部(100mm)温度

(d) GRW50土壤中部(100mm)温度

图6-15 绿色屋顶（GR50和GRW50）土壤表面和土壤中部月温度变化箱线图

现在 8 月。对于绿色屋顶 GR50，冬季土壤中部最低温度比土壤表面温度高 3.3℃，夏季土壤中部最高温度比土壤表面温度低 28.9℃。对于绿色屋顶 GRW50，冬季土壤中部最低温度比土壤表面温度高 3.5℃，夏季土壤中部最高温度比土壤表面温度低 30.4℃。整体上，绿色屋顶（GRW50 和 GR50）土壤表面温度与土壤中部温度没有显著差异，土壤中部平均温度分别比土壤表面平均温度降低 0.8℃ 和 0.9℃。Hien 等[59] 指出，绿色屋顶表面温度与普通屋顶最大温差可达 18℃，但当土壤层非常干燥时，土壤表面温度可能会超过普通屋顶表面温度。如图 6-16 所示，普通屋顶混凝土上表面具有较大的温差波动，全年温度变化范围介于 −1.1～59.7℃。而绿色屋顶（GR50 和 GRW50）具有更小温差波动，混凝土上表面温差分别介于 1.5～29.2℃ 和 1.1～30.9℃。结果表明，在项目区域气候条件和绿色屋顶设计结构配置下，绿色屋顶土壤表面温度与普通屋顶混凝土上表面温度变化类似，均具有较大温差波动（−1～61℃）。相反地，绿色屋顶土壤中部和混凝土上表面均具有较小温差波动（1～31℃）。

　　监测区域夏季典型气候条件下（2022 年 7 月 7—16 日）普通屋顶（BR0）和绿色屋顶（GR50 和 GRW50）不同结构层日温度变化曲线如图 6-17 所示。夏季普通屋顶混凝土上表面和绿色屋顶土壤表面日最低温度出现在 6：00 左右，而日最高温度出现在 13：00 左右，绿色屋顶土壤中部的日最低和最高温度时间相比于土壤表面温度推迟了约 3h。如图 6-17（a）所示，绿色屋顶（GR50 和 GRW50）土壤表面温度没有显著差异，呈周期性波动变化，日最高和最低温度分别为 55℃ 和 20℃，日温差可达 35℃。现场试验中绿色屋顶表面较高的温差波动可能与植被层对太阳辐射较低的综合反射率有关，此外，绿色屋顶（GR50 和 GRW50）土壤层含水量和蒸散潜热没有显著差异。绿色屋顶土壤中部夏季温差变化显著降低（小于 10℃），绿色屋顶（GR50 和 GRW50）最低温度分别为 21.8℃ 和 24.9℃，最高温度分别为 31.4℃ 和 33℃。相比于绿色屋顶土壤表面温度，尽管土壤中部温度峰值显著降低（温度峰值相差 24℃），然而，绿色屋顶土壤中部夜间最低温度显著高于土壤表面温度（最低温度相差 6℃）。夏季普通屋顶（BR0）混凝土上表面温差波动较大，日最高温度可达 52℃，夜间最低温

度为 20.4℃。通过安装绿色屋顶，混凝土上表面温差波动范围进一步缩小
（约 2℃），绿色屋顶（GR50 和 GRW50）温差范围分别为 25.2～27.9℃和
28.2～30.2℃。应该指出的是，绿色屋顶 GRW50 土壤中部和混凝土上表
面温度略高于传统绿色屋顶 GR50，这可能与两个绿色屋顶土壤表面蒸散
潜热没有显著差异，而绿色屋顶 GRW50 土壤层较高的含水量和蓄水层水
分增加了绿色屋顶的导热系数有关。

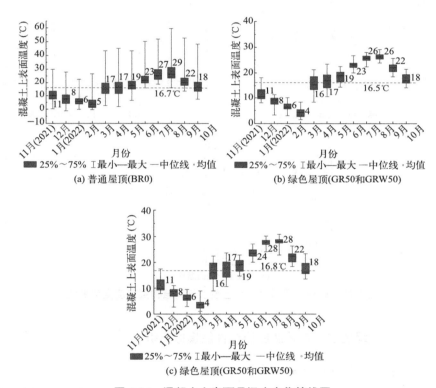

图 6-16 混凝土上表面月温度变化箱线图

在冬季低温天气下（2022 年 2 月 17—26 日），绿色屋顶（GR50 和
GRW50）土壤表面温度和土壤中部温度均没有显著差异（图 6-18）。绿色
屋顶 GR50 土壤中部温度略高于 GRW50，平均温度分别为 3.9℃和 3.2℃
［图 6-18（b）］。类似地，绿色屋顶 GR50 混凝土上表面温度略高于

GRW50，平均温度分别为 3.9℃ 和 3.3℃。与普通屋顶（BR0）相比（混凝土上表面平均温度为 2.9℃），绿色屋顶（GR50 和 GRW50）混凝土上表面温度分别高出 1℃ 和 0.4℃。这表明绿色屋顶在冬季能够降低室内热通量损失，从而在冬季具有一定保温作用。

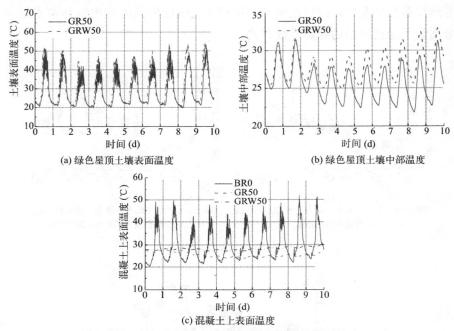

(a) 绿色屋顶土壤表面温度　　　　(b) 绿色屋顶土壤中部温度

(c) 混凝土上表面温度

图 6-17　夏季普通屋顶和绿色屋顶不同结构层温度变化曲线

6.4.2　绿色屋顶与普通屋顶热性能模拟分析

1）水热耦合模型参数

基于第 5 章提出的水热耦合模型和求解步骤，本研究选取监测期间夏季（2022 年 7 月 7—16 日）和冬季（2022 年 2 月 17—26 日）各 10 天的气象数据作为模型输入。根据王英宇等[152] 的研究，本研究绿色屋顶种植结缕草在阳光充足条件下的气孔导度取 0.15cm/s，结缕草的叶面积指数 LAI 取 2.5[153]，由此可以计算得到结缕草的气孔阻力为 250s/m。根据式（5-14）计算得到绿色屋顶的土壤蒸发阻力为 40.8s/m。本研究中，种植结缕草的植被覆盖率取 0.95。

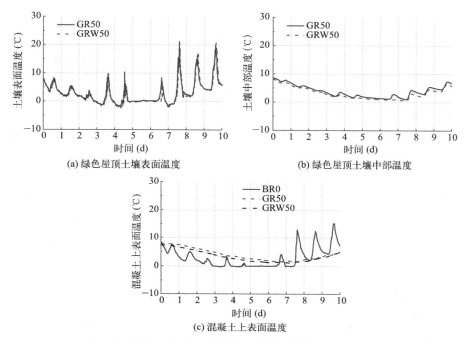

(a) 绿色屋顶土壤表面温度

(b) 绿色屋顶土壤中部温度

(c) 混凝土上表面温度

图6-18　冬季普通屋顶和绿色屋顶不同结构层温度变化曲线

根据水量平衡模型计算得到绿色屋顶土壤层含水量如图6-19所示，通过与绿色屋顶土壤层含水量试验结果进行比较，得到夏季和冬季绿色屋顶模拟结果与试验结果的纳什系数 NSE 在 0.52～0.99。通过对绿色屋顶土壤层含水量进行模拟，可以进一步计算得到绿色屋顶土壤层随含水量变化的体积热容、热导率和热扩散率，如图6-20所示。整体上，由于蓄水层绿色屋顶 GRW50 较高的含水量，其土壤层体积热容和热导率均高于 GR50。对于蓄水层绿色屋顶 GRW50，夏季和冬季蓄水层水分随时间变化曲线如图6-21所示。在夏季，蓄水层绿色屋顶 GRW50 从 10mm 蓄水深度到蓄水层水分耗尽需要 3 天，而冬季 10mm 蓄水深度经历 10 天大约消耗 5mm。根据项目区域建筑屋面设计，绿色屋顶和普通屋顶建筑屋面主要结构层从上至下分别为 40mm 厚混凝土保护层、40mm 厚XPS 保温隔热层、防水层和 100mm 厚混凝土结构板层，相关热特性参数如表5-3所示。通过试验结果的校准和验证，绿色屋顶和普通屋顶混凝土表面对太阳辐射的综合反射率分别取 0.25 和 0.2。

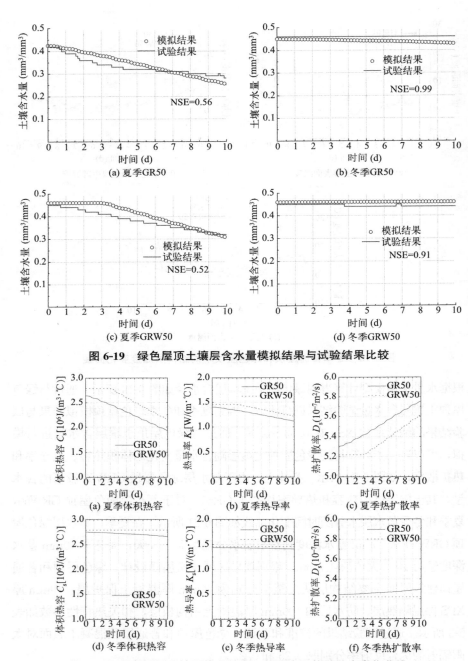

图 6-19　绿色屋顶土壤层含水量模拟结果与试验结果比较

图 6-20　绿色屋顶土壤层体积热容、热导率和热扩散率变化曲线

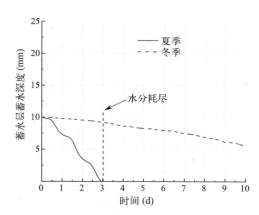

图 6-21 夏季和冬季蓄水层绿色屋顶（GRW50）蓄水层水分变化曲线

2）模拟结果与试验结果比较

将现场监测的气象数据和计算得到的土壤表面蒸散发速率作为水热耦合模型的上边界输入，采用绿色屋顶混凝土上表面监测温度变化作为下边界输入，初始含水量和初始温度通过试验结果在绿色屋顶各结构层上取平均值。通过有限差分方法计算得到绿色屋顶不同结构层的温度变化曲线，如图 6-22 和图 6-23 所示。在夏季，模拟结果低估了绿色屋顶土壤表面温度峰值，GR50 和 GRW50 的纳什系数 NSE 分别为 0.80 和 0.50。而土壤中部温度模拟结果与试验结果之间具有较好的一致性，NSE 分别为 0.65 和 0.52。在冬季，绿色屋顶（GR50 和 GRW50）土壤表面和土壤中部温度的模拟结果与试验结果之间的 NSE 介于 0.48～0.56（图 6-23）。结果表明，通过水热耦合模型计算的绿色屋顶不同结构层温度变化曲线与试验结果具有较好的一致性，模拟结果能够较好地反映不同结构层温度的昼夜波动变化，通过校准和验证后的水热耦合模型可用于绿色屋顶和普通屋顶水热耦合运移性能的进一步研究。

3）绿色屋顶与普通屋顶热性能模拟结果

基于校准和验证的水热耦合运移模型，本研究结合现场实际情况，采用距离室内屋顶 1m 处的温度作为下边界对屋顶和室内水热运移过程进行模拟。夏季和冬季的边界温度均采用空气温度的平均值进行模拟，夏季和

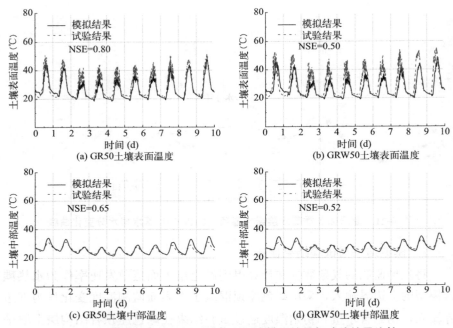

(a) GR50土壤表面温度

(b) GRW50土壤表面温度

(c) GR50土壤中部温度

(d) GRW50土壤中部温度

图6-22　夏季绿色屋顶不同结构层温度模拟结果与试验结果比较

冬季分别为25℃和2℃。如图6-24所示，相比于普通屋顶（BR0）混凝土上表面温度，夏季绿色屋顶混凝土上表面温度显著降低。此外，绿色屋顶在植被层、土壤层和蓄（排）水层的阻热作用下，使得传递到室内的温度快速降低。而普通屋顶（BR0）通过传统屋面保护层、XPS保温隔热层和混凝土结构板后并没有获得更高的隔热性能，温度随结构层深度变化较缓。在冬季，相比于普通屋顶（BR0），绿色屋顶在外界温度低于室内温度条件下表现为较好的保温作用，而在外界温度较高情况下则表现为隔热作用（图6-25）。假设取距离室内屋顶混凝土板500mm处温度为室内温度，则夏季绿色屋顶GR50和GRW50之间没有显著差异，室内平均温度分别为25.5℃和25.1℃[图6-26（a）]。相比于绿色屋顶，普通屋顶室内温度受外界温度变化的影响显著并呈现类似的波动变化，普通屋顶室内平均温度比绿色屋顶高4℃，峰值温度提高约7℃。在冬季，普通屋顶室内温差变化范围高于绿色屋顶，介于0.1~4℃；而绿色屋顶室内温度介于0.2~2℃

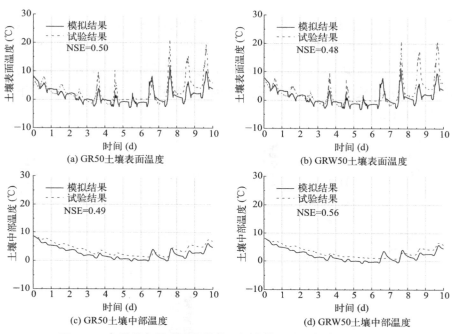

图 6-23　冬季绿色屋顶不同结构层温度模拟结果与试验结果比较

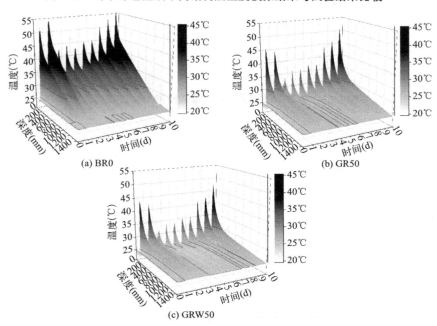

图 6-24　夏季不同屋顶结构温度随时间变化过程剖面图

[图 6-26(b)]。结果表明，夏季绿色屋顶隔热性能远高于普通屋顶，绿色屋顶室内平均温度比普通屋顶室内平均温度低 4℃。冬季普通屋顶对外界温度的影响较为敏感，日温差变化范围较大；而绿色屋顶受外界温度的影响较弱，并在较低的外界温度下表现为保温作用，在较高的外界温度下表现为隔热作用。

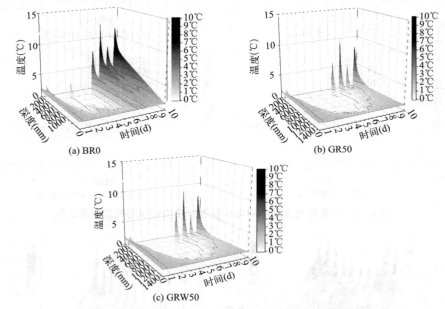

图 6-25 冬季不同屋顶结构温度随时间变化过程剖面图

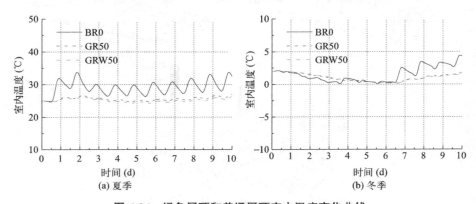

图 6-26 绿色屋顶和普通屋顶室内温度变化曲线

6.5　绿色屋顶制冷与制热能耗数值模拟分析

6.5.1　EnergyPlus 建模

本研究采用 EnergyPlus 软件对普通屋顶和绿色屋顶的热性能和能耗进行模拟。EnergyPlus 是一种广泛应用于建筑能耗模拟的一维能量平衡软件，能够较好地模拟室内热环境及电气系统能耗。此外，EnergyPlus 还内置了覆土绿色屋顶模块，能够基于绿色屋顶土壤层和植被层热平衡模拟绿色屋顶建筑能耗。如图 6-27 所示，本研究以项目研究区域开展现场试验的一栋五层建筑为参考，通过 SketchUp 软件建立长×宽×高为 30m×20m×20m 的建筑，建筑层高为 4m，共 5 层，屋面面积为 600m²。该建筑主要由墙体、屋顶、楼面、窗户和门组成。建筑墙体由外到内包括外墙材料、混凝土、隔热层和石膏层。屋顶由上至下包括混凝土保护层、XPS 保温隔热层、防水卷材和混凝土结构板。楼面为 100mm 厚的混凝土板，采用固定式铝合金玻璃窗户，门设置为 25mm 厚的隔热门。建筑结构材料热特性参数如表 6-6 所示。

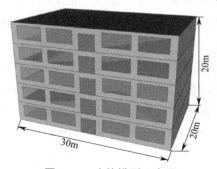

图 6-27　建筑模型示意图

建筑结构材料热特性参数　　　　　　　　　　　　　　　表 6-6

建筑结构	材料（由外到内）	厚度（m）	热导率[W/(m·℃)]	密度（kg/m³）	比热容[J/(kg·℃)]
墙体	外墙材料	0.025	0.690	1858	837
	混凝土	0.200	1.730	2243	837
	隔热层	0.034	0.043	91	837

建筑结构	材料(由外到内)	厚度(m)	热导率[W/(m·℃)]	密度(kg/m³)	比热容[J/(kg·℃)]
墙体	石膏层	0.013	0.160	785	830
屋顶	混凝土保护层	0.040	1.730	2243	837
	XPS保温隔热层	0.040	0.033	29	1470
	防水卷材	0.015	0.160	1121	1460
	混凝土结构板	0.100	1.730	2243	837
楼面	混凝土板	0.100	1.310	2240	837
窗户	玻璃窗	0.003	2.110	——	——
门	隔热门	0.025	0.030	43	1210

  绿色屋顶植被层和土壤层水热特性参数如表 6-7 所示。应该指出的是，土壤热物理参数通过前述室内土工试验获得，其中土壤饱和含水量取值为 EnergyPlus 内置饱和含水量取值范围的最大值。在 EnergyPlus 模拟中，叶面积指数 LAI 是影响植被层热性能的关键参数。根据现场监测绿色屋顶土壤层温度对模拟结果的校准得到绿色屋顶叶面积指数 LAI 取值为 4.5。类似地，已有研究在 EnergyPlus 中取绿色屋顶植被层叶面积指数 LAI 为 5[154]。建筑能耗模拟采用的气象数据来源于现场监测的 2022 年 1 月 1 日至 12 月 31 日的气象数据。本研究主要对普通屋顶和绿色屋顶下的建筑能耗进行模拟分析。建筑类型设置为开放办公室类型，人员密度为 0.05 人/m²，灯光设置为 10.7W/m²，电气设备 7.6W/m²。建筑每层空间分别将空调系统设置为理想空调系统，制冷温度设置为 24℃，制热温度设置为 20℃[155]。建筑结构材料属性、建筑类型、空调系统等通过 Openstudio 软件进行设置，随后导入 EnergyPlus 软件对建筑能耗进行模拟。此外，本研究采用 2022 年 1 月 1 日至 12 月 31 日监测的传统绿色屋顶土壤层温度对模拟结果进行校准。如图 6-28 所示，绿色屋顶土壤层温度的模拟结果与试验监测结果拟合较好，纳什系数 NSE 为 0.85。

绿色屋顶植被层和土壤层水热特性参数　　　　　表 6-7

类型	参数名称	数值	单位
植被层	植被高度	0.2	m
	叶面积指数 LAI	4.5	—
	叶面反射率	0.25	—
	叶面发射率	0.95	—
	最小气孔阻力	180	s/m
土壤层	土壤深度	0.2	m
	干土热导率	0.24	W/(m·℃)
	干密度	1200	kg/m³
	干土比热容	1200	J/(kg·℃)
	饱和含水量	0.5	m³/m³
	残余含水量	0.01	m³/m³
	初始含水量	0.4	m³/m³

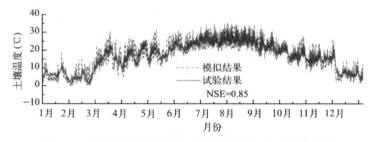

图 6-28　绿色屋顶土壤层温度模拟结果与试验结果比较

6.5.2　绿色屋顶与普通屋顶制冷和制热能耗比较

为比较普通屋顶和绿色屋顶顶层空间（即建筑第五层）空调系统的制冷和制热能耗，本研究保持建筑结构材料和气象数据不变，绿色屋顶在普通屋顶上增加 0.2m 土壤层和植被层（热特性参数如表 6-7 所示）。如表 6-8 所示，在研究区域的建筑制冷能耗主要发生在夏季（6~8 月），月制冷能耗大于 5kW·h/m²；而建筑制热能耗主要发生在冬季（1 月、2 月和 12

月），月制热能耗大于 $10kW \cdot h/m^2$。整体上，建筑在冬季的制热能耗高于夏季的制冷能耗，这主要与项目研究区域气候特征有关。与普通屋顶相比，绿色屋顶在冬季的制热能耗和夏季的制冷能耗均有所降低，冬季和夏季分别减少能耗 15％和 8％。如图 6-29 所示，全年建筑能耗主要发生在夏季和冬季，月能耗大于 $10kW \cdot h/m^2$。绿色屋顶制冷和制热总能耗整体上低于普通屋顶，其中普通屋顶年能耗为 $81.13kW \cdot h/m^2$，绿色屋顶年能耗为 $71.03kW \cdot h/m^2$，年能耗减少了 $10.1kW \cdot h/m^2$。相比于普通屋顶，绿色屋顶降低能耗最高是在 1 月，减少 $2.32kW \cdot h/m^2$；降低能耗最低是在 9 月，仅减少 $0.05kW \cdot h/m^2$。结果表明，绿色屋顶能够有效降低建筑能耗，相比于普通屋顶，绿色屋顶的年建筑能耗降低 12％。

普通屋顶和绿色屋顶顶层空间制冷与制热年能耗需求　　　　　表 6-8

2022 年	普通屋顶($kW \cdot h/m^2$)		绿色屋顶($kW \cdot h/m^2$)		减少能耗（％）	
	制热	制冷	制热	制冷	制热	制冷
1 月	13.45	0	11.13	0	17	0
2 月	13.33	0	11.75	0	12	0
3 月	2.08	0.55	1.50	0.61	28	−12
4 月	1.41	0.85	1.23	0.90	12	−7
5 月	0.33	2.10	0.20	1.85	38	12
6 月	0	6.06	0	5.62	0	7
7 月	0	9.56	0	8.69	0	9
8 月	0	10.05	0	9.17	0	9
9 月	0	4.30	0	4.25	0	1
10 月	0.99	1.34	0.55	1.47	44	−10
11 月	1.44	0.19	0.93	0.28	36	−49
12 月	13.10	0	10.89	0	17	0
合计	81.13		71.03		—	

6.5.3　绿色屋顶降低 CO_2 排放分析

相比于普通屋顶，绿色屋顶 CO_2 排放量的减少主要通过减少空调系统

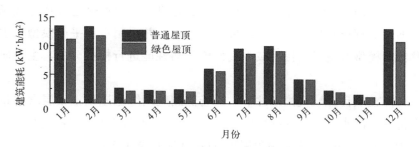

图 6-29 普通屋顶和绿色屋顶顶层空间月能耗需求

的能耗进行估算。本研究取 CO_2 排放系数为 0.582，即每消耗 1kW·h 电能，排放 0.582kg 的 CO_2[154]。假设项目研究区域为上述五层建筑结构、类型和空调系统，建筑面积和屋顶面积均为项目研究区域建筑面积（10292m²）。如表 6-9 所示，研究区域安装普通屋顶时建筑顶层空间的年制冷和制热能耗为 $834.97×10^3$ kW·h；安装绿色屋顶时建筑顶层空间的年制冷和制热能耗为 $731.0×10^3$ kW·h。由此可以换算得到研究区域普通屋顶建筑的 CO_2 排放量为 485.95t/a，而采用绿色屋顶的建筑 CO_2 排放量为 425.44t/a。相比于普通屋顶，绿色屋顶建筑的 CO_2 排放量减少 60.51t/a。结果表明，绿色屋顶能够有效降低建筑空调系统的制冷和制热能耗，从而降低建筑运行阶段的 CO_2 排放量，相比于普通屋顶，绿色屋顶年能源消耗和 CO_2 排放减少 12%。

项目研究区域顶层空间制冷和制热产生的年 CO_2 排放量　　表 6-9

建筑面积(m²)	年能耗(10^3kW·h)		CO_2 排放(t/a)		降低 CO_2 排放	
	普通屋顶	绿色屋顶	普通屋顶	绿色屋顶	减少量(t/a)	降低比例(%)
10292	834.97	731.0	485.95	425.44	60.51	12

6.6 本章小结

本章以西南地区某海绵城市建设项目为研究对象，在项目绿色屋顶原设计方案（GR50）基础上新增带 50mm 蓄水层的绿色屋顶（GRW50）和普通屋顶（BR0）作对比研究，并开展了为期1年的水热运移特性现场监测。通过对现场水热运移监测结果进行分析，并采用水量平衡模型和水热运移耦合模型对现场项目区域水文性能和热性能进行模拟分析，主要研究结论如下。

（1）在项目区域气候条件下，现场监测期间绿色屋顶土壤层含水量整体保持在较高水平，传统绿色屋顶（GR50）需要在2个干旱期进行2次灌溉维护，而50mm蓄水层绿色屋顶（GRW50）全年无须进行灌溉。

（2）基于水量平衡简化模型，对传统绿色屋顶（GR50）和50mm蓄水层绿色屋顶（GRW50）的水文性能进行模拟，并以绿色屋顶土壤层含水量试验结果对模型进行验证（NSE为0.88和0.49）。模拟结果表明，在年降雨量为1254mm的研究区域，传统绿色屋顶和50mm蓄水层绿色屋顶的年雨水滞留量分别为522mm和677mm，年径流削减率分别为42%和54%。

（3）通过径流曲线数模型对研究区域不同下垫面类型的年径流量进行计算，在研究区域安装普通屋顶、传统绿色屋顶和50mm蓄水层绿色屋顶的区域年径流削减率分别为54%、56%和59%。与普通屋顶相比，对研究区域所有屋面进行覆土安装50mm蓄水层绿色屋顶可有效减少年径流量2390m^3，研究区域年径流削减率可提高5%。

（4）在项目区域气候条件下，设计绿色屋顶土壤表面温度与普通屋顶混凝土上表面温度年温差波动较大（−1～61℃），这可能与结缕草绿色屋顶表面较高的太阳辐射反射率和较低的蒸散潜热有关。随着绿色屋顶植被层和土壤层的阻热作用，绿色屋顶土壤中部和混凝土上表面的年温差波动大幅度减小（1～31℃）。在夏季，绿色屋顶混凝土上表面温差约为2℃，相比于普通屋顶混凝土上表面温差减小30℃。然而，夏季绿色屋顶混凝土上表面夜间最低温度比普通屋顶夜间最低温度高5～8℃。在冬季，绿色屋顶（GR50和GRW50）混凝土上表面平均温度分别比普通屋顶混凝土上表面平均温度高1℃和0.4℃。

（5）水热运移耦合模型模拟结果表明，夏季绿色屋顶隔热性能远高于普通屋顶，绿色屋顶室内平均温度比普通屋顶室内平均温度低4℃。冬季普通屋顶受外界温度的影响较为敏感，日温差变化范围较大；而绿色屋顶受外界温度的影响较弱，并在较低的外界温度下表现为保温作用，在较高的外界温度下表现为隔热作用。

（6）通过 EnergyPlus 软件对普通屋顶和绿色屋顶年制冷和制热能耗进行模拟表明，绿色屋顶能够有效降低建筑空调系统的制冷和制热能耗，从而降低建筑运行阶段的 CO_2 排放量。相比于普通屋顶，绿色屋顶年能耗减少 $10.1kW \cdot h/m^2$，从而换算得到绿色屋顶建筑的 CO_2 排放量减少 $60.51t/a$，绿色屋顶年能源消耗和 CO_2 排放量减少 12%。

第 7 章　结论与展望

7.1　主要研究成果及结论

本研究通过建立不同结构配置绿色屋顶模型试验和长期水热运移模型试验，开展了绿色屋顶水热运移机理及关键影响因素分析。针对提出的分层土和蓄水层绿色屋顶建立了基于 HYDRUS-1D 软件的数值计算模型，对比分析了分层土绿色屋顶和单一土层绿色屋顶的雨水滞留能力和水文过程，探讨了不同暴雨重现期下底部蓄水层和表面最大蓄水深度对绿色屋顶水文性能的影响。基于水量平衡原理，提出了一个模拟蓄水层绿色屋顶长期水分动态变化的水量平衡简化模型，并应用于绿色屋顶结构配置优化和灌溉管理研究。通过建立基于水量平衡方程、能量平衡方程与热传导方程耦合的绿色屋顶水热运移耦合模型，对比分析普通屋顶、传统绿色屋顶和一体化绿色屋顶的热性能，以及土壤层深度和蓄水层深度对绿色屋顶热传导性能的影响规律。最后以西南地区某绿色屋顶建设项目为研究对象，对带 50mm 蓄水层的绿色屋顶、传统绿色屋顶和普通屋顶进行对比分析，并基于提出的水量平衡简化模型和水热耦合模型对项目研究区域水热性能进行模拟分析。通过径流曲线数模型和 EnergyPlus 软件，指出了项目研究区域绿色屋顶的径流削减和建筑节能降碳效益。主要研究成果如下。

（1）绿色屋顶雨水滞留率主要受降雨、蒸散发和结构配置因素的影响，累计降雨量越大绿色屋顶雨水滞留率越低，干旱期蒸散发速率越高绿色屋顶在降雨前的有效蓄水空间越大，从而获得更大雨水滞留能力。不同结构配置绿色屋顶模型试验结果表明，带底部蓄水层的绿色屋顶具有最高的雨水滞留率（59%），其次是 150mm 土壤深度绿色屋顶的雨水滞留率为 53%，而土壤深度为 50mm 的绿色屋顶具有最低的雨水滞留率（34%）。

与无蓄水层绿色屋顶相比，带蓄水层的绿色屋顶的平均蒸散发速率（4.4mm/d）提高 30%，雨水滞留率提高 13%。而分层土绿色屋顶比单一土层的雨水滞留率提高 1%～4%。植被层对绿色屋顶雨水滞留性能没有显著影响（小于 1%）。此外，在连续降雨条件下（有效降雨事件间隔小于 1 天），绿色屋顶的雨水滞留率不足 10%。

（2）绿色屋顶屋面荷载随土壤深度增加而线性递增，而绿色屋顶雨水滞留的增长率随土壤深度增加而递减。与增加土壤深度相比，增加底部蓄水层能够有效提高绿色屋顶的雨水滞留率，并在干旱期通过潜水蒸发补给上层土壤水分，推迟绿色屋顶灌溉周期。结果表明，25mm 蓄水层绿色屋顶（土壤深度 100mm）的雨水滞留率相当于 180mm 土壤深度绿色屋顶的雨水滞留率，相应地增加约 0.9kN/m^2 屋面荷载。相比于无蓄水层绿色屋顶，带蓄水层的绿色屋顶年径流削减率提高 14%，干旱期推迟绿色屋顶植被层灌溉时间约 9 天。

（3）绿色屋顶土壤表面温差范围远低于普通屋顶，在华南地区的夏季，普通屋顶混凝土结构板上表面最高温度可达 58℃，日温差可达 32℃；而绿色屋顶混凝土结构板上表面最大日温差降低约 21℃，绿色屋顶土壤表面年平均温度降低 2℃。此外，绿色屋顶混凝土结构板温度在日间低于普通屋顶表面温度，而夜间高于普通屋顶表面温度。

（4）相比于单一土层绿色屋顶，分层土能够显著提高绿色屋顶的雨水滞留能力，并获得更大的峰值削减、排水时间延迟和排水峰值时间延迟。对分层土绿色屋顶雨水滞留能力影响最大的是土壤初始含水量及饱和含水量，其次是土壤的渗透性，最后是分层土壤的深度比。考虑分层土绿色屋顶的综合水文性能，分层土绿色屋顶的结构配置建议采用上层高渗透性土壤和下层低渗透性土壤组成，且上层土壤深度大于下层土壤深度。

（5）增加蓄水层能够有效提高绿色屋顶雨水滞留能力和推迟排水时间，而增加绿色屋顶土壤表面最大蓄水深度能够有效推迟表面径流时间和削减径流峰值。在华南地区 1 年、5 年、10 年和 20 年暴雨重现期下，增加 50mm 蓄水层可使绿色屋顶的蓄水能力分别提高 100%、93%、83% 和 76%，推迟排水时间约 100min。当土壤表面最大蓄水深度为 10mm 时，不同暴雨重现期下绿色屋顶表面径流峰值分别削减 22%、15%、14% 和

12%，表面径流时间推迟约 22min。

（6）提出的绿色屋顶水量平衡简化模型能够较好地模拟绿色屋顶长期雨水滞留能力和土壤含水量动态变化，土壤含水量模拟结果与试验结果的平均 NSE 为 0.65，雨水滞留量的平均误差为 6%。模拟结果表明，通过改良土壤的持水能力提高了绿色屋顶 4% 的年径流削减率，增加土壤深度（从 50mm 增加到 300mm）提高了 14% 的径流削减率。然而，增加蓄水层深度（0 增加到 150mm）提高了 41% 的年径流削减率，植被年水分胁迫时间降低 49%。绿色屋顶增加 200mm 土壤深度的年径流削减率大约相当于增加 25mm 蓄水层深度绿色屋顶的年径流削减率。

（7）考虑绿色屋顶土壤层和蓄水层水分变化对绿色屋顶热传导性能的影响，提出了基于水量平衡模型与热传导方程耦合的绿色屋顶水热耦合模型，该模型能够较好地模拟传统绿色屋顶和蓄水层绿色屋顶的热传导过程，模拟结果与试验结果纳什系数 NSE 为 0.72~0.97。模拟结果表明，绿色屋顶通过提高表面反射率和增加蒸散潜热有效降低绿色屋顶土壤表面温度，与普通屋顶相比，绿色屋顶夏季土壤表面平均温度降低 4℃。开展一体化绿色屋顶建设具有替代传统 XPS 保温隔热层和混凝土保护层的潜力。一体化绿色屋顶夏季混凝土结构板上表面平均温度低于普通屋顶 3℃，室内平均温度降低约 1℃。

（8）增加土壤深度（100mm、200mm 和 300mm）能够显著提高绿色屋顶夏季的阻热性能，绿色屋顶室内平均温度均分别降低 1℃，而冬季绿色屋顶各结构层平均温度没有显著差异。此外，增加蓄水层能够有效提高土壤层含水量和蒸散潜热，从而有效降低绿色屋顶土壤表面温度。与无蓄水层绿色屋顶相比，25mm 蓄水层绿色屋顶夏季土壤表面平均温度降低 2℃，室内平均温度降低 1℃。增加 25mm 底部蓄水层（100mm 土壤层）相当于 200mm 土壤层绿色屋顶夏季的阻热性能。

（9）在西南地区某项目研究区域，传统绿色屋顶和 50mm 蓄水层绿色屋顶的年径流削减率分别为 42% 和 54%。与普通屋顶相比，对研究区域所有屋面进行覆土安装 50mm 蓄水层绿色屋顶可有效减少年径流量 2390m³，研究区域年径流削减率可提高 5%。在夏季，绿色屋顶混凝土表面温差相比于普通屋顶减小 30℃。而在冬季，绿色屋顶混凝土上表面平均温度比普通屋顶高出 1℃。水热耦合模拟结果表明，在西南地区夏季绿色屋顶室内平均温度比普通屋顶室内平均温度低 4℃。

（10）绿色屋顶能够有效降低建筑空调系统的制冷和制热能耗，从而降低建筑运行阶段的 CO_2 排放量。相比于普通屋顶，绿色屋顶年能耗减少 $10.1kW \cdot h/m^2$，从而换算得到项目研究区域绿色屋顶建筑运行阶段的 CO_2 排放量减少 60.51t/年，绿色屋顶年能源消耗和 CO_2 排放量减少 12%。

7.2　进一步研究工作展望

本研究通过模型试验、现场试验、理论分析和数值模拟等研究方法对绿色屋顶水热运移性能进行研究。揭示了绿色屋顶水热运移机理及关键影响因素，提出了分层土、蓄水层、一体化绿色屋顶等绿色屋顶新型结构配置，建立了绿色屋顶水量平衡模型和水热耦合模型，指出了绿色屋顶区域性水文性能和节能降碳效益。但在研究过程中仍存在以下不足和需要进一步研究的工作。

（1）本研究主要结论是基于特定试验装置和气候条件下获得的，需要考虑不同区域气候条件下不同结构配置绿色屋顶的水热性能差异，以进一步揭示蓄水层和分层土对提高绿色屋顶水热性能的可行性。试验采用的绿色屋顶底部蓄水层为网格状塑料支撑结构，需要进一步考虑底部蓄水层的布置方式及工程应用中的防渗处理措施，关于绿色屋顶增加表面蓄水层的水热性能有待进一步研究。此外，需要通过试验或数值模拟等研究方法进一步考虑绿色屋顶对缓解建筑屋顶混凝土开裂破坏的保护作用。本研究试验和模拟结果均表明，夏季绿色屋顶混凝土上表面温度在夜间高于普通屋顶表面温度，考虑在绿色屋顶土壤层与屋顶结构层之间增加与外界连通的热对流层对绿色屋顶热性能的影响需要进一步研究。

（2）考虑绿色屋顶蓄水层对土壤层的水分补给，蓄水层与土壤层之间的水分运移机理以及蒸发速率估算方法需要进一步研究。关于绿色屋顶水热耦合模型，本研究假设蓄水层为理想的蓄水空间（如网格状塑料支撑结构），而陶粒、卵石等排水骨料作为蓄水层可能不适用。此外，建立不同结构配置绿色屋顶（如蓄水层）热传导模型与建筑能耗模拟模型的耦合模型需要进一步研究。

参 考 文 献

[1] YANG Y，GUANGRONG S，CHEN Z，et al. Quantitative analysis and prediction of urban heat island intensity on urban-rural gradient：a case study of Shanghai [J]. Science of the total environment，2022：154264.

[2] LIANG Z，WU S，WANG Y，et al. The relationship between urban form and heat island intensity along the urban development gradients [J]. Science of the total environment，2020，708：135011.

[3] SINGH N，SINGH S，MALL R. Urban ecology [M]. Amsterdam：Elsevier，2020：317-334.

[4] SCHOLZ-BARTH K. Green roofs：stormwater management from the top down [J]. Environmental design & construction，2001，4（1）：63-69.

[5] JIANG Y，ZEVENBERGEN C，MA Y. Urban pluvial flooding and stormwater management：a contemporary review of China's challenges and "sponge cities" strategy [J]. Environmental science & policy，2018，80：132-143.

[6] 中国建筑节能协会能耗统计专业委员会. 中国建筑能耗研究报告 2020 [J]. 建筑节能（中英文），2021，49（2）：1-6.

[7] AHIABLAME L M，ENGEL B A，CHAUBEY I. Effectiveness of low impact development practices：literature review and suggestions for future research [J]. Water，air，& soil pollution，2012，223：4253-4273.

[8] 王俊，梅国雄，黄山，等. 海绵城市建设的绿化屋顶技术及其水文与环境效应研究进展 [J]. 水文，2021，41（1）：42-48.

[9] 王浩，梅超，刘家宏. 海绵城市系统构建模式 [J]. 水利学报，2017，48（9）：1009-1014，1022.

[10] 张建云，王银堂，胡庆芳，等. 海绵城市建设有关问题讨论 [J]. 水科学进展，2016，27（6）：793-799.

[11] KARTERIS M，THEODORIDOU I，MALLINIS G，et al. Towards a green sustainable strategy for Mediterranean cities：assessing the benefits of large-scale green roofs implementation in Thessaloniki，Northern Greece，using environmental modelling，GIS and very high spatial resolution remote sensing data [J]. Renewable and sustainable energy reviews，2016，58：510-525.

［12］ LIU W, QIAN Y, YAO L, et al. Identifying city-scale potential and priority areas for retrofitting green roofs and assessing their runoff reduction effectiveness in urban functional zones ［J］. Journal of cleaner production, 2022, 332: 130064.

［13］ SHAO H, SONG P, MU B, et al. Assessing city-scale green roof development potential using unmanned aerial vehicle (uav) imagery ［J］. Urban forestry & urban greening, 2021, 57: 126954.

［14］ OBERNDORFER E, LUNDHOLM J, BASS B, et al. Green roofs as urban ecosystems: ecological structures, functions, and services ［J］. BioScience, 2007, 57 (10): 823.

［15］ SAADATIAN O, SOPIAN K, SALLEH E, et al. A review of energy aspects of green roofs ［J］. Renewable and sustainable energy reviews, 2013, 23: 155-168.

［16］ BOLLMAN M A, DESANTIS G E, DUCHANOIS R M, et al. A framework for optimizing hydrologic performance of green roof media ［J］. Ecological engineering, 2019, 140: 105589.

［17］ POË S, STOVIN V, BERRETTA C. Parameters influencing the regeneration of a green roof's retention capacity via evapotranspiration ［J］. Journal of hydrology, 2015, 523: 356-367.

［18］ STOVIN V, POË S, DE-VILLE S, et al. The influence of substrate and vegetation configuration on green roof hydrological performance ［J］. Ecological engineering, 2015, 85: 159-172.

［19］ CHEN H M. Biochar increases plant growth and alters microbial communities viaregulating the moisture and temperature of green roof substrates ［J］. Science of the total environment, 2018, 635: 333-342.

［20］ NAGASE A, DUNNETT N. The relationship between percentage of organic matter in substrate and plant growth in extensive green roofs ［J］. Landscape and urban planning, 2011, 103 (2): 230-236.

［21］ SCHRIEKE D, FARRELL C. Trait-based green roof plant selection: water use and drought response of nine common spontaneous plants ［J］. Urban forestry & urban greening, 2021, 65: 127368.

［22］ WILLIAMS N S, BATHGATE R S, FARRELL C, et al. Ten years of greening a wide brown land: a synthesis of Australian green roof research and roadmap forward ［J］. Urban forestry & urban greening, 2021, 62: 127179.

[23] DURHMAN A K, ROWE D B, RUGH C L. Effect of watering regimen on Chlorophyll fluorescence and growth of selected green roof plant taxa [J]. Hortscience, 2006, 41 (7): 1623-1628.

[24] TERRI J A, TURNER M, GUREVITCH J. The response of leaf water potential and crassulacean acid metabolism to prolonged drought in sedum rubrotinctum [J]. Plant physiology, 1986, 81 (2): 678-680.

[25] GETTER K L, ROWE D B. Media depth influences sedum green roof establishment [J]. Urban ecosystems, 2008, 11 (4): 361-372.

[26] AZEÑAS V, JANNER I, MEDRANO H, et al. Performance evaluation of five mediterranean species to optimize ecosystem services of green roofs under water-limited conditions [J]. Journal of environmental management, 2018, 212: 236-247.

[27] VIJAYARAGHAVAN K, JOSHI U M. Can green roof act as a sink for contaminants? A methodological study to evaluate runoff quality from green roofs [J]. Environmental pollution, 2014, 194: 121-129.

[28] MEETAM M, SRIPINTUSORN N, SONGNUAN W, et al. Assessment of physiological parameters to determine drought tolerance of plants for extensive green roof architecture in tropical areas [J]. Urban forestry & urban greening, 2020, 56: 126874.

[29] LI X, CAO J, XU P, et al. Green roofs: effects of plant species used on runoff [J]. Land degradation & development, 2018, 29 (10): 3628-3638.

[30] ZHANG Z, SZOTA C, FLETCHER T D, et al. Influence of plant composition and water use strategies on green roof stormwater retention [J]. Science of the total environment, 2018, 625: 775-781.

[31] Pérez Gabriel, Coma Julià, Solé Cristian, et al. Green roofs as passive system for energy savings when using rubber crumbs as drainage layer [J]. Energy procedia, 2012, 30: 452-460.

[32] ZHANG Z, SZOTA C, FLETCHER T D, et al. Green roof storage capacity can be more important than evapotranspiration for retention performance [J]. Journal of environmental management, 2019, 232: 404-412.

[33] WANG J, GARG A, HUANG S, et al. The rainwater retention mechanisms in extensive green roofs with ten different structural configurations [J]. Water science and technology, 2021, 84 (8): 1839-1857.

［34］ QIN H，PENG Y，TANG Q，et al. A hydrus model for irrigation management of green roofs with a water storage layer ［J］. Ecological engineering，2016，95：399-408.

［35］ LOIOLA C，MARY W，DA SILVA L P. Hydrological performance of modular-tray green roof systems for increasing the resilience of mega-cities to climate change ［J］. Journal of hydrology，2019，573：1057-1066.

［36］ SPROUL J，WAN M P，MANDEL B H，et al. Economic comparison of white，green，and black flat roofs in the United States ［J］. Energy and buildings，2014，71：20-27.

［37］ SIMS A W，ROBINSON C E，SMART C C，et al. Mechanisms controlling green roof peak flow rate attenuation ［J］. Journal of hydrology，2019，577：123972.

［38］ STOVIN V，VESUVIANO G，KASMIN H. The hydrological performance of a green roof test bed under UK climatic conditions ［J］. Journal of hydrology，2012，414：148-161.

［39］ LI Y，BABCOCK JR R W. Green roof hydrologic performance and modeling：a review ［J］. Water science and technology，2014，69（4）：727-738.

［40］ LIU W，FENG Q，CHEN W，et al. The influence of structural factors on stormwater runoff retention of extensive green roofs：new evidence from scale-based models and real experiments ［J］. Journal of hydrology，2019，569：230-238.

［41］ SCHULTZ I，SAILOR D J，STARRY O. Effects of substrate depth and precipitation characteristics on stormwater retention by two green roofs in portland Or ［J］. Journal of hydrology：regional studies，2018，18：110-118.

［42］ LIU W，ENGEL B A，FENG Q，et al. Simulating annual runoff retention performance of extensive green roofs：a comparison of four climatic regions in China ［J］. Journal of hydrology，2022，610：127871.

［43］ 王恺，章孙逊，张守红. 基于 Hydrus-1D 不同气候区城市绿色屋顶径流调控效益研究 ［J］. 环境科学学报，2023，43（3）：1-11.

［44］ TODOROV D，DRISCOLL C T，TODOROVA S. Long-term and seasonal hydrologic performance of an extensive green roof ［J］. Hydrological processes，2018，32（16）：2471-2482.

［45］ LI Y，REN Y，HILL R，et al. Characteristics of water infiltration in layered water-repellent soils ［J］. Pedosphere，2018，28（5）：775-792.

[46] VOLDER A, DVORAK B. Event size, substrate water content and vegetation affect storm water retention efficiency of an un-irrigated extensive green roof system in central texas [J]. Sustainable cities and society, 2014 (10): 59-64.

[47] VILLARREAL E L, BENGTSSON L. Response of a sedum green-roof to individual rain events [J]. Ecological engineering, 2005, 25 (1): 1-7.

[48] DUSZA Y, BAROT S, KRAEPIEL Y, et al. Multifunctionality is affected by interactions between green roof plant species, substrate depth, and substrate type [J]. Ecology and evolution, 2017, 7 (7): 2357-2369.

[49] GONG Y, YIN D, LI J, et al. Performance assessment of extensive green roof runoff flow and quality control capacity based on pilot experiments [J]. Science of the total environment, 2019, 687: 505-515.

[50] SCHULTZ I, SAILOR D J, STARRY O. Effects of substrate depth and precipitation characteristics on stormwater retention by two green roofs in Portland OR [J]. Journal of hydrology: regional studies, 2018, 18: 110-118.

[51] TALEBI A, BAGG S, Sleep B E, et al. Water retention performance of green roof technology: a comparison of Canadian climates [J]. Ecological engineering, 2019, 126: 1-15.

[52] CASCONE S, CATANIA F, GAGLIANO A, et al. A comprehensive study on green roof performance for retrofitting existing buildings [J]. Building and environment, 2018, 136: 227-239.

[53] SHAFIQUE M, KIM R, KYUNG-HO K. Green roof for stormwater management in a highly urbanized area: the case of Seoul, Korea [J]. Sustainability, 2018, 10 (3): 584.

[54] HUANG S, GARG A, MEI G, et al. Experimental study on the hydrological performance of green roofs in the application of novel biochar [J]. Hydrological processes, 2020, 34 (23): 4512-4525.

[55] ZHANG S, LIN Z, ZHANG S, et al. Stormwater retention and detention performance of green roofs with different substrates: observational data and hydrological simulations [J]. Journal of environmental management, 2021, 291: 112682.

[56] VOYDE E, FASSMAN E, SIMCOCK R. Hydrology of an extensive living roof under sub-tropical climate conditions in Auckland, New Zealand [J]. Journal of hydrology, 2010, 394 (3): 384-395.

［57］ HE H, JIM C Y. Simulation of thermodynamic transmission in green roof ecosystem ［J］. Ecological modelling, 2010, 221 (24): 2949-2958.

［58］ OULDBOUKHITINE S, BELARBI R, JAFFAL I, et al. Assessment of green roof thermal behavior: a coupled heat and mass transfer model ［J］. Building and environment, 2011, 46 (12): 2624-2631.

［59］ HIEN W N, YOK T P, YU C. Study of thermal performance of extensive rooftop greenery systems in the tropical climate ［J］. Building and environment, 2007, 42 (1): 25-54.

［60］ SPALA A, BAGIORGAS H S, ASSIMAKOPOULOS M N, et al. On the green roof system. selection, state of the art and energy potential investigation of a system installed in an office building in Athens, Greece ［J］. Renewable energy, 2008, 33 (1): 173-177. ［J］.

［61］ 孙挺, 倪广恒, 唐莉华, 等. 绿化屋顶热效应的观测试验 ［J］. 清华大学学报（自然科学版）, 2012, 52 (2): 160-163.

［62］ SUSCA T, GAFFIN S R, DELLOSSO G. Positive effects of vegetation: urban heat island and green roofs ［J］. Environmental pollution, 2011, 159 (8): 2119-2126.

［63］ SADINENI S B, MADALA S, BOEHM R F. Passive building energy savings: a review of building envelope components ［J］. Renewable and sustainable energy reviews, 2011, 15 (8): 3617-3631.

［64］ DESIDERI U, ASDRUBALI F. Handbook of energy efficiency in buildings: a life cycle approach ［M］. London: Butterworth-heinemann, 2018.

［65］ HE Y, LIN E S, TAN C L, et al. Model development of roof thermal transfer value (rttv) for green roof in tropical area: a case study in Singapore ［J］. Building and environment, 2021, 203: 108101.

［66］ MORAU D, LIBELLE T, GARDE F. Performance evaluation of green roof for thermal protection of buildings in Reunion Island ［C］ //Energy Procedia: Elsevier, 2012.

［67］ 唐鸣放, 郑澍奎, 杨真静. 屋顶绿化节能热工评价 ［J］. 土木建筑与环境工程, 2010, 32 (2): 87-90.

［68］ CHAGOLLA-ARANDA M, SIMÁ E, XAMÁN J, et al. Effect of irrigation on the experimental thermal performance of a green roof in a semi-warm climate in

Mexico [J]. Energy and buildings, 2017, 154: 232-243.

[69] ZIOGOU I, MICHOPOULOS A, VOULGARI V, et al. Implementation of green roof technology in residential buildings and neighborhoods of cyprus [J]. Sustainable cities and society, 2018, 40: 233-243.

[70] VESUVIANO G, SONNENWALD F, STOVIN V. A two-stage storage routing model for green roof runoff detention [J]. Water science and technology, 2014, 69 (6): 1191-1197.

[71] SIMUNEK J, VAN GENUCHTEN M T, SEJNA M. The HYDRUS-1D software package for simulating the one-dimensional movement of water, heat, and multiple solutes in variably-saturated media [J]. University of California-riverside Research Reports, 2005 (3): 1-240.

[72] VAN GENUCHTEN M T. A closed-form equation for predicting the hydraulic conductivity of unsaturated soils [J]. Soil science society of America journal, 1980, 44 (5): 892-898.

[73] FARTHING M W, OGDEN F L. Numerical solution of Richards' equation: a review of advances and challenges [J]. Soil science society of America journal, 2017, 81 (6): 1257-1269.

[74] PALLA A, GNECCO I, LANZA L G. Unsaturated 2D modelling of subsurface water flow in the coarse-grained porous matrix of a green roof [J]. Journal of hydrology, 2009, 379 (1): 193-204.

[75] WANG J, GARG A, HUANG S, et al. An experimental and numerical investigation of the mechanism of improving the rainwater retention of green roofs with layered soil [J]. Environmental science and pollution research, 2022, 29 (7): 10482-10494.

[76] HILTEN R N, LAWRENCE T M, TOLLNER E W. Modeling stormwater runoff from green roofs with Hydrus-1d [J]. Journal of hydrology, 2008, 358 (3): 288-293.

[77] HAKIMDAVAR R, CULLIGAN P J, GUIDO A, et al. The soil water apportioning method (swam): an approach for long-term, low-cost monitoring of green roof hydrologic performance [J]. Ecological engineering, 2016, 93: 207-220.

[78] PENG Z, STOVIN V. Independent validation of the SWMM green roof module [J]. Journal of hydrologic engineering, 2017, 22 (9): 100-111.

[79] GETTER K L, ROWE D B, ANDRESEN J A, et al. Seasonal heat flux properties of an extensive green roof in a midwestern US Climate [J]. Energy and buildings, 2011, 43 (12): 3548-3557.

[80] VOGEL T, DOHNAL M, VOTRUBOVA J. Modeling heat fluxes in macroporous soil under sparse young forest of temperate humid climate [J]. Journal of hydrology, 2011, 402 (3): 367-376.

[81] 尚松浩, 毛晓敏, 雷志栋, 等. 土壤水分动态模拟模型及其应用 [M]. 北京: 科学出版社, 2009.

[82] SKALA V, DOHNAL M, VOTRUBOVA J, et al. Hydrological and thermal regime of a thin green roof system evaluated by physically-based model [J]. Urban forestry & urban greening, 2020, 48: 126582.

[83] JIM C Y, TSANG S. Modeling the heat diffusion process in the abiotic layers of green roofs [J]. Energy and buildings, 2011, 43 (6): 1341-1350.

[84] HE Y, YU H, OZAKI A, et al. Thermal and energy performance of green roof and cool roof: a comparison study in Shanghai Area [J]. Journal of cleaner production, 2020, 267: 122205.

[85] HODO-ABALO S, BANNA M, ZEGHMATI B. Performance analysis of a planted roof as a passive cooling technique in hot-humid tropics [J]. Renewable energy, 2012, 39 (1): 140-148.

[86] QUEZADA-GARCÍA S, ESPINOSA-PAREDES G, POLO-LABARRIOS M, et al. Green roof heat and mass transfer mathematical models: a review [J]. Building and environment, 2020, 170: 106634.

[87] HE Y, YU H, OZAKI A, et al. Long-term thermal performance evaluation of green roof system based on two new indexes: a case study in Shanghai Area [J]. Building and environment, 2017, 120: 13-28.

[88] VILLARREAL E L, BENGTSSON L. Response of a sedum green-roof to individual rain events [J]. Ecological engineering, 2005, 25 (1): 1-7.

[89] GRACESON A, HARE M, MONAGHAN J, et al. The water retention capabilities of growing media for green roofs [J]. Ecological engineering, 2013, 61: 328-334.

[90] MOBILIA M, LONGOBARDI A. Model details, parametrization, and accuracy in daily scale green roof hydrological conceptual simulation [J]. Atmosphere, 2020, 11 (6): 575.

［91］ LI S，QIN H，PENG Y，et al. Modelling the combined effects of runoff reduction and increase in evapotranspiration for green roofs with a storage layer ［J］. Ecological engineering，2019，127：302-311.

［92］ VESUVIANO Gianni，SONNENWALD Fred，STOVIN Virginia. A two-stage storage routing model for green roof runoff detention ［J］. Water science & technology，2014，69（6）：1191-1197.

［93］ POËA S，STOVIN V，BERRETTA C. Parameters influencing the regeneration of a green roof's retentioncapacity via evapotranspiration ［J］. Journal of hydrology，2015，523：356-367.

［94］ SIMS A W，ROBINSON C E，SMART C C，et al. Retention performance of green roofs in three different climate regions ［J］. Journal of hydrology，2016，542：115-124.

［95］ FLL. Guideline for the planning，execution and upkeep of green-roof sites ［R］. Forschungsgesellschaft Landschaftsentwicklung Landschaftsbau Ev，Bonn，2002.

［96］ NAGASE A，DUNNETT N，et al. Drought tolerance in different vegetation types for extensive green roofs：Effects of watering and diversity ［J］. Landscape and urban planning，2010，97（4）：318-327.

［97］ 王俊，黄润秋，聂闻，等. 基于无限边坡算法的降雨型滑坡预警系统的模型试验研究 ［J］. 岩土力学，2014，35（12）：3503-3510.

［98］ ZHANG Z，SZOTA C，FLETCHER T D，et al. Green roof storage capacity can be more important than evapotranspiration for retention performance ［J］. Journal of environmental management，2019，232：404-412.

［99］ MENTENS J，RAES D，HERMY M. Green roofs as a tool for solving the rainwater runoff problem in the urbanized 21st century？ ［J］. Landscape and urban planning，2005，77（3）：217-226.

［100］ NAGASE A，DUNNETT N. Amount of water runoff from different vegetation types on extensive green roofs：effects of plant species，diversity and plant structure ［J］. Landscape and urban planning，2012，104（3）：356-363.

［101］ LOIOLA C，MARY W，DA SILVA L P. Hydrological performance of modular-tray green roof systems for increasing the resilience of mega-cities to climate change ［J］. Journal of hydrology，2019，573：1057-1066.

［102］ BENGTSSON L. Peak flows from thin sedum-moss roof ［J］. Nordic hydrology，

2005, 36 (3): 269-280.

[103] HUANG M B, SPIES J, BARBOUR L, et al. Impact of textural layering on water retention within drained sand profiles [J]. Soil science, 2013, 178 (9): 496-504.

[104] ZETTL J D, BARBOUR S L, HUANG M B, et al. Influence of textural layering on field capacity of coarse soils [J]. Canadian journal of soil science, 2011, 91 (2): 133-147.

[105] WONG G K L, JIM C Y. Quantitative hydrologic performance of extensive green roof under humid-tropical rainfall regime [J]. Ecological engineering, 2014, 70: 366-378.

[106] QIN H P, PENG Y N, TANG Q L, et al. A HYDRUS model for irrigation management of green roofs with a water storage layer [J]. Ecological engineering, 2016, 95: 399-408.

[107] ZHENG X, ZOU Y, LOUNSBURY A W, et al. Green roofs for stormwater runoff retention: a global quantitative synthesis of the performance [J]. Resources, conservation and recycling, 2021, 170: 105577.

[108] HAKIMDAVAR R, CULLIGAN P J, FINAZZI M, et al. Scale dynamics of extensive green roofs: quantifying the effect of drainage area and rainfall characteristics on observed and modeled green roof hydrologic performance [J]. Ecological engineering, 2014, 73: 494-508.

[109] MUHAMMAD S, REEHO K, MUHAMMAD R. Green roof benefits, opportunities and challenges: a review [J]. Renewable and sustainable energy reviews, 2018, 90: 757-773.

[110] HUANG M B, BARBOUR S L, ELSHORBAGY A, et al. Infiltration and drainage processes in multi-layered coarse soils [J]. Canadian journal of soil science, 2011, 91 (2): 168-183.

[111] KHIRE M V, BENSON C H, BOSSCHER P J. Capillary barriers: design variables and water balance [J]. Journal of geotechnical and geoenvironmental engineering, 2000, 126 (8): 695-708.

[112] MA Y, FENG S, SU D, et al. Modeling water infiltration in a large layered soil column with a modified green - ampt model and Hydrus-1d [J]. Computers and electronics in agriculture, 2010, 71: S40-S47.

[113] HUANG S, GARG A, MEI G, et al. Experimental study on the hydrological

performance of green roofs in the application of novel biochar [J]. Hydrological processes, 2020, 34 (23): 4512-4525.

[114] GAN L, GARG A, WANG H, et al. Influence of biochar amendment on stormwater management in green roofs: experiment with numerical investigation [J]. Acta geophysica, 2021, 69: 2417-2426.

[115] PALLA A, GNECCO I, LANZA L. Compared performance of a conceptual and a mechanistic hydrologic models of a green roof [J]. Hydrological processes, 2012, 26 (1): 73-84.

[116] GAN Y, LIU H, JIA Y, et al. Infiltration-runoff model for layered soils considering air resistance and unsteady rainfall [J]. Hydrology research, 2019, 50 (2): 431-458.

[117] MA Y, FENG S, ZHAN H, et al. Water infiltration in layered soils with air entrapment: modified green-ampt model and experimental validation [J]. Journal of hydrologic engineering, 2011, 16 (8): 628-638.

[118] TWARAKAVI N K, SAKAI M, ŠIMŮNEK J. An objective analysis of the dynamic nature of field capacity [J]. Water resources research, 2009, 45 (10): 10410.

[119] KEIFER C J, CHU H H. Synthetic storm pattern for drainage design [J]. Journal of the hydraulics division, 1957, 83 (4): 1332-1-1332-25.

[120] PENG Z, STOVIN V. Independent validation of the swmm green roof module [J]. Journal of hydrologic engineering, 2017, 22 (9): 4017037.

[121] LIU W, ENGEL B A, FENG Q. Modelling the hydrological responses of green roofs under different substrate designs and rainfall characteristics using a simple water balance model [J]. Journal of hydrology, 2021, 602: 126786.

[122] ZAREMBA G J, TRAVER R G, WADZUK B M. Impact of drainage on green roof evapotranspiration [J]. Journal of irrigation and drainage engineering, 2016, 142 (7): 4016022.

[123] ZHAO L, HOU R, WU F, et al. Effect of soil surface roughness on infiltration water, ponding and runoff on tilled soils under rainfall simulation experiments [J]. Soil and tillage research, 2018, 179: 47-53.

[124] DOU Y, KUANG W A comparative analysis of urban impervious surface and green space and their dynamics among 318 different size cities in China in the past

25 years [J]. Science of the total environment, 2020, 706: 135828.

[125] RAIMONDI A, BECCIU G. Performance of green roofs for rainwater control [J]. Water resources management, 2021, 35 (1): 99-111.

[126] SQUIER-BABCOCK M, DAVIDSON C I. Hydrologic performance of an extensive green roof in syracuse, Ny [J]. Water, 2020, 12 (6): 1535.

[127] PENG Z, SMITH C, STOVIN V. Internal fluctuations in green roof substrate moisture content during storm events: monitored data and model simulations [J]. Journal of hydrology, 2019, 573: 872-884.

[128] ALLEN R G, PEREIRA L S, RAES D, et al. Crop evapotranspiration-guidelines for computing crop water requirements [J]. Fao, 1998, 300 (9): D05109.

[129] 雷志栋, 杨诗秀, 谢森传. 土壤水动力学 [M]. 北京: 清华大学出版社, 1988.

[130] ZHAO L L, XIA J, XU CHONG Y, et al. Evapotranspiration estimation methods in hydrological models [J]. Journal of geographical sciences, 2013, 23 (2): 359-369.

[131] LUO Y, SOPHOCLEOUS M. Seasonal groundwater contribution to crop-water use assessed with lysimeter observations and model simulations [J]. Journal of hydrology, 2010, 389 (3): 325-335.

[132] VIOLA F, HELLIES M, DEIDDA R. Retention performance of green roofs in representative climates worldwide [J]. Journal of hydrology, 2017, 553: 763-772.

[133] LIU J, GARG A, WANG H, et al. Moisture management in biochar-amended green roofs planted with ophiopogon japonicus under different irrigation schemes: an integrated experimental and modeling approach [J]. Acta geophysica, 2022: 1-12.

[134] LIU W, WEI W, CHEN W P, et al. The impacts of substrate and vegetation on stormwater runoff quality fromextensive green roofs [J]. Journal of hydrology, 2019, 576: 575-582.

[135] MOBILIA M, LONGOBARDI A. Impact of rainfall properties on the performance of hydrological models for green roofs simulation [J]. Water science and technology, 2020, 81 (7): 1375-1387.

[136] SOULIS K X, VALIANTZAS J D, NTOULAS N, et al. Simulation of green roof runoff under different substrate depths and vegetation covers by coupling a

simple conceptual and a physically based hydrological model [J]. Journal of environmental management, 2017, 200: 434-445.

[137] WANG J, GARG A, LIU N, et al. Experimental and numerical investigation on hydrological characteristics of extensive green roofs under the influence of rainstorms [J]. Environmental science and pollution research, 2022, 29 (35): 53121-53136.

[138] PALERMO S A, TURCO M, PRINCIPATO F, et al. Hydrological effectiveness of an extensive green roof in mediterranean climate [J]. Water, 2019, 11 (7): 1378.

[139] SAILOR D J, HAGOS M. An updated and expanded set of thermal property data for green roof growing media [J]. Energy and buildings, 2011, 43 (9): 2298-2303.

[140] WANG J, MEI G, GARG A, et al. A simplified model for analyzing rainwater retention performance and irrigation management of green roofs with an inclusion of water storage layer [J]. Journal of environmental management, 2023, 326: 116740.

[141] DEARDORFF J W. Efficient prediction of ground surface temperature and moisture, with inclusion of a layer of vegetation [J]. Journal of geophysical research: oceans, 1978, 83 (C4): 1889-1903.

[142] NOILHAN J, PLANTON S. A simple parameterization of land surface processes for meteorological models [J]. Monthly weather review, 1989, 117 (3): 536-549.

[143] TABARES-VELASCO P C, ZHAO M, PETERSON N, et al. Validation of predictive heat and mass transfer green roof model with extensive green roof field data [J]. Ecological engineering, 2012, 47: 165-173.

[144] 林家鼎,孙菽芬. 土壤内水分流动、温度分布及其表面蒸发效应的研究——土壤表面蒸发阻抗的探讨 [J]. 水利学报, 1983 (7): 1-8.

[145] CHUNG S, HORTON R. Soil heat and water flow with a partial surface mulch [J]. Water resources research, 1987, 23 (12): 2175-2186.

[146] 谢银龙. 重庆市居住建筑热致变色屋面顶层房间节能实效研究 [D]. 重庆: 重庆大学, 2021.

[147] CHEN P, LI Y, LO W, et al. Toward the practicability of a heat transfer model

for green roofs [J]. Ecological engineering, 2015, 74: 266-273.

[148] POLO-LABARRIOS M A, QUEZADA-GARCÍA S, SÁNCHEZ-MORA H, et al. Comparison of thermal performance between green roofs and conventional roofs [J]. Case studies in thermal engineering, 2020, 21: 100697.

[149] WEI T, JIM C Y, CHEN Y, et al. Complementary influence of green-roof and roof-slab thermal conductivity on winter indoor warming assessed by finite element analysis [J]. Energy reports, 2022 (8): 14852-14864.

[150] ARKAR C, DOMJAN S, MEDVED S. Heat transfer in a lightweight extensive green roof under water-freezing conditions [J]. Energy and buildings, 2018, 167: 187-199.

[151] CRONSHEY R. Urban hydrology for small watersheds [R]. US Dept. of Agriculture, Soil Conservation Service, Engineering Division, 1986.

[152] 王英宇, 杨建, 韩烈保. 不同灌溉量对草坪草光合作用的影响 [J]. 北京林业大学学报, 2006 (S1): 26-31.

[153] 何云丽, 苏德荣, 刘自学, 等. 不同修剪高度下日本结缕草叶面积指数与密度的关系 [J]. 草地学报, 2009, 17 (4): 527-531.

[154] ÁVILA-HERNÁNDEZ A, SIMÁ E, XAMÁN J, et al. Test box experiment and simulations of a green-roof: thermal and energy performance of a residential building standard for mexico [J]. Energy and buildings, 2020, 209: 109709.

[155] DAHANAYAKE K C, CHOW C L. Comparing reduction of building cooling load through green roofs and green walls by energyplus simulations [J]. Building Simulation, 2018, 11: 421-434.